工程物理场
仿真方法与应用

李吉成　张洪梅　潘明波　著

黑龙江大学出版社
HEILONGJIANG UNIVERSITY PRESS
哈尔滨

图书在版编目（CIP）数据

工程物理场仿真方法与应用 / 李吉成，张洪梅，潘明波著． -- 哈尔滨 ： 黑龙江大学出版社，2023.12
ISBN 978-7-5686-0982-1

Ⅰ．①工… Ⅱ．①李… ②张… ③潘… Ⅲ．①工程物理学－有限元分析②工程物理学－系统仿真 Ⅳ．① TB13

中国国家版本馆 CIP 数据核字（2023）第 083767 号

工程物理场仿真方法与应用
GONGCHENG WULICHANG FANGZHEN FANGFA YU YINGYONG

李吉成　张洪梅　潘明波　著

责任编辑		李亚男
出版发行		黑龙江大学出版社
地　　址		哈尔滨市南岗区学府三道街 36 号
印　　刷		天津创先河普业印刷有限公司
开　　本		720 毫米 ×1000 毫米　1/16
印　　张		13.75
字　　数		227 千
版　　次		2023 年 12 月第 1 版
印　　次		2023 年 12 月第 1 次印刷
书　　号		ISBN 978-7-5686-0982-1
定　　价		56.00 元

本书如有印装错误请与本社联系更换，联系电话：0451-86608666。

前　言

计算机仿真技术自20世纪70年代初进入工程领域以来,在短短几十年时间内已经融入到工程领域的各个环节,特别是在一些复杂技术领域,如航空航天、船舶、重型装备和先进制造等,计算机仿真技术已经成为不可或缺的一部分。

有限元法、边界元法和离散元法等是工程仿真的理论基础。由于有限元法应用较早,所以目前其理论和软件是最成熟的。近年来,为了解决工程领域的离散问题,离散元法也得到了广泛的发展。在计算机仿真技术发展的过程中,诞生了一大批优秀的工程仿真软件,例如 Abaqus、ANSYS、MSC、COMSOL、EDEM 和 STAR-CCM+等。目前,这些工程仿真软件已经深入工程领域涉及的结构场分析、流体场分析、电磁场分析、温度场分析和不同物理场的耦合分析等多个方面。

丰富多样的仿真方法和软件极大地促进了工程仿真的推广应用,提升了工程技术问题的解决效率。但是大部分工程人员很难在短时间内选出合适的方法及软件解决相应的工程技术问题,他们通常会遇到选用哪些仿真方法和软件、不同软件的准确度如何控制、不同物理场之间如何耦合以及不同软件之间如何进行数据交互等问题。

为了引导工程仿真分析人员在较短的时间内掌握工程技术问题的基本仿真方法,合理地选择仿真软件,本书首先介绍了不同仿真软件的基本功能及特点,总结对比了不同软件的优势应用领域;然后简明地阐述了有限元法、边界元法和离散元法的基本理论知识;最后结合作者的工程仿真实践经验,对不同物理场的工程仿真应用案例进行了分析。

本书由云南工商学院李吉成、重庆大学张洪梅和云南工商学院潘明波合著,云南农业大学张天会、李明飞、王源和云南工商学院孙坤鹏参与了本书部分

1

图表的绘制工作。本书的出版得到了云南省高校餐厨废弃物分散处理智能装备工程研究中心建设项目的支持,在此表示衷心的感谢。

工程物理场仿真发展迅速,涉及的领域广泛、方法多样、软件丰富,由于作者水平有限,书中难免存在疏漏和不妥之处,敬请读者多提宝贵意见和建议。

目　　录

第 1 章　工程物理场仿真概述

随着工程领域技术的不断发展,物理场仿真已经成为一种非常有效的设计验证工具,在工程设计、分析与试验等各个环节都必不可少。为了仿真不同性质的工程问题,各种精确高效的仿真方法与各种功能丰富的工程仿真软件不断涌现。

1.1　工程物理场仿真

1.1.1　工程仿真的概念

仿真以物理学基本规律作为计算机算法,借助计算机强大的运算能力,在虚拟模型上模拟现实系统中发生的本质过程和现象。工程仿真是指将仿真方法引入工程领域,在计算机中仿真现实工程问题的现象与特性,并为解决工程问题提供可靠的依据。

1.1.2　工程仿真的分类

工程领域的问题具有属性复杂、解决周期长和试验分析成本高等特点,为了解决各种各样的工程领域问题,在工程仿真发展过程中诞生了多种多样的工程仿真方法与软件,工程仿真总体上可以分为控制仿真和物理场仿真两类。控制仿真主要用于电力系统、控制工程和嵌入式系统等领域,物理场仿真主要用于同一种物理场或多种物理场耦合特性的模拟分析。物理场仿真按照其属性特点又可以分为结构场仿真、流体场仿真、温度场仿真、电磁场仿真和耦合场仿真,如图 1-1 所示。随着人们对微观世界认识的不断深入,仿真的应用领域已经扩展到原子量级的微观世界,但微观世界的仿真不属于工程领域的范畴。

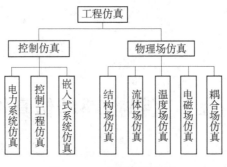

图 1-1　工程仿真的分类

1.1.3　不同工程物理场仿真的相互关系

工程物理场仿真是以结构场、流体场、温度场、电磁场以及它们的耦合场作为研究对象,以各个物理场的基本规律作为计算依据,在计算机上对研究对象的变化进行仿真的过程。由于各个物理场的基本规律具有非常大的差异,为了更加准确、高效地解决各种各样的工程领域问题,丰富多样的仿真方法被研究出来,例如非线性分析、线性静力学分析、低频电磁场分析、非线性辐射分析、可压缩流体分析和多相流分析等。近年来,多物理场耦合分析越来越受到重视。图 1-2 是各物理场之间的关系及常用的仿真方法。

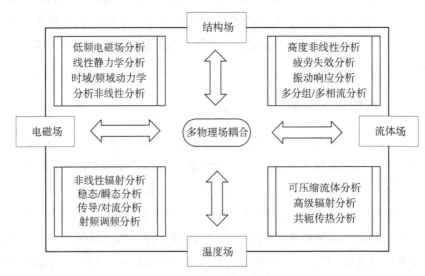

图 1-2　各物理场之间的关系及常用的仿真方法

1.2　工程物理场仿真的常用软件

1.2.1　ANSYS

ANSYS 分析主要涉及结构仿真、流体仿真、电磁仿真和增材制造等领域,是目前工程领域最受欢迎的仿真软件之一。ANSYS 软件集成了丰富多样的分析模块,几乎任何工程领域的问题都可以在 ANSYS 中找到合适的分析工具。

(1)结构仿真

在结构仿真方面,ANSYS 主要包括 ANSYS Mechanical 高级结构分析及热分析模块、ANSYS Discovery Live 即时仿真模块、ANSYS LS-DYNA 通用高度非线性显式动力学分析模块、ANSYS AUTODYN 冲击爆炸专用显式动力学分析模块、ANSYS nCode DesignLife 高级疲劳耐久性分析模块和 ANSYS Sherlock 电子产品可靠性分析工具,如图 1-3 所示。

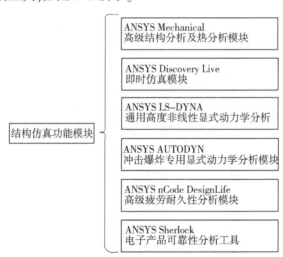

图 1-3　ANSYS 结构仿真主要功能模块

ANSYS Mechanical 作为 ANSYS 的核心产品之一,是功能强大、模块整合的结构力学分析工具包。ANSYS Mechanical 提供结构强度、振动、疲劳、热学、压电、声学及优化等全面的分析功能,以及部分行业的专用模块,满足各行业对结构分析及设计优化的需求。此外,它还与 ANSYS 的 LS-DYNA、Fluent、CFD、

Icepak、Maxwell3D、Simplore 等流体和电磁软件共同组成强大的多学科仿真体系及多物理场耦合解决方案。ANSYS Mechanical 主要具有以下优点：

①多物理场耦合分析

支持直接和间接耦合，包括流体-结构-传热-电磁的多场耦合，使用耦合单元可进行全部自由度的强耦合分析。

②结构拓扑优化和多学科参数化

提供创新性的优化技术，可与其他各学科专业的模块配合，进行强度、疲劳、振动、温度、流体和电磁等多学科的参数化。

③复合材料分析

提供完整的复合材料属性定义功能以及丰富的复合材料失效分析方法和准则，可对复合材料进行铺覆模拟，改善复合材料的制造工艺。

④疲劳耐久性分析

配备完善的应力修正方法，具有强大的后处理能力，支持应力以及应变疲劳分析，能对疲劳寿命、安全系数和疲劳损伤特性进行有效分析。

⑤刚柔体分析

可分析复杂的承受大范围运动的零件装配体，例如车辆悬架系统、加工过程中的机器人操作手及飞机起落架系统等。

⑥独特的 CAD-CAE 协同及网格技术

计算机辅助设计(CAD)与计算机辅助工程(CAE)协同，能够实现模型共享和设计参数双向关联，可以在多个 CPU 上对各个零部件逐一划分网格，使分网效率大幅提升。

ANSYS LS-DYNA 作为目前应用最广泛的非线性问题有限元分析软件，在大形变、爆破等领域具有非常重要的地位。ANSYS LS-DYNA 主要具有以下优点：

①高效丰富的求解器及优秀的并行加速性能

配备 Lagrange、ALE、Euler、SPH、EFG 等求解器，显式计算效率极高，且具有强大的多线程并行计算能力。

②统一的使用环境

可在 ANSYS Workbench 环境下提交 LS-DYNA 计算关键字文件（K 文件）直接计算，计算结果通过 Workbench 进行后处理。

③强大的网格划分

提供高可靠性、自动化的网格工具,具有强大的体、壳、梁单元的网格划分功能,可以完全满足各种不同结构、不同分析情况对网格的要求。

④方便的材料定义

ANSYS Workbench 提供 LS-DYNA 常用材料模型的定义,包括弹性、弹塑性、应变硬化和应变率硬化,以及相应的状态方程(EOS)等。

⑤强大的后处理能力

在 Workbench 环境下直接进行计算结果的后处理,包括制作动画和显示曲线等。

ANSYS AUTODYN 是一个经典的显式有限元程序,可以分析固体、流体、气体三相及其相互作用的高度非线性动力学问题。ANSYS AUTODYN 主要具有以下优点:

①耦合响应

AUTODYN 在研发之初就利用集成的方法对流体和结构的非线性问题进行求解分析,并涵盖了多种求解器,例如 FE、CFD 和 SPH(无网格),其中 FE 求解器还能与其他软件的求解器进行耦合。

②完备的接触模型

AUTODYN 可支持完全自动接触、侵蚀接触、Trajectory 接触、SPH 对可形变结构和刚性结构的接触以及点焊约束方式等多种接触模型。

③丰富的求解方法

可进行拉格朗日(体积和结构)、无网格(SPH)、任意拉格朗日-欧拉、块体结构、大形变、非结构化、非线性、流体力学、固体力学、耦合及冲击波等多种求解。

④CAE 接口

可支持 ANSYS Workbench、ANSYS ICEM CFD、LS-DYNA、TrueGrid 和 NAS-TRAN 等软件的 CAE 数据接口。

ANSYS nCode DesignLife 高级疲劳耐久性分析软件具有先进的、业界公认的专业级疲劳分析能力,可以模拟所有类型的疲劳破坏。它与 ANSYS Workbench 环境融为一体,便于 ANSYS 用户快速掌握疲劳分析技术。ANSYS nCode DesignLife 拥有约 160 种材料数据库,可以自动读取和转换 ANSYS、LS-DYNA、

Abaqus 和 NASTRAN 等软件获得的结构静力学和动力学分析结果,并进行疲劳寿命分析及优化。ANSYS nCode DesignLife 主要具有以下优点:

①丰富的分析类型

可以模拟所有类型的疲劳破坏,主要包括高周疲劳的应力寿命(SN)计算、低周和高周疲劳的应变寿命（EN）计算、热机械疲劳寿命计算、复合材料疲劳寿命计算、裂纹扩展疲劳寿命计算、焊点和焊缝的焊接疲劳寿命计算、高级振动疲劳分析计算(PSD)以及混合载荷加载的实现等仿真功能。

②高效的疲劳分析流程

可以完美地嵌入到 ANSYS Workbench 中,借助 ANSYS Workbench 的工作环境,提高了疲劳分析效率。

③复杂结构的疲劳计算能力

针对复杂结构的特点,运用并行计算的方式进行求解,有效提升了求解效率,缩短了计算时间。

(2)流体仿真

在流体仿真方面,ANSYS 主要包括 ANSYS Fluent 计算流体动力学模块、ANSYS CHEMKIN-PRO 复杂化学反应快速分析工具、ANSYS FORTE 复杂化学反应快速分析工具、ANSYS ENERGICO 清洁燃烧设计预测分析工具和 ANSYS ICEM CFD 专业级 CFD 前后处理器,如图 1-4 所示。

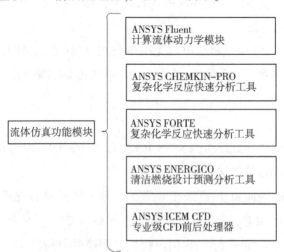

图 1-4　ANSYS 流体仿真主要功能模块

ANSYS Fluent 因具有用户界面友好、算法健壮和新用户容易上手等优点，一直在用户中具有良好的口碑，目前 ANSYS Fluent 已经成为应用最广泛的流体仿真软件。在收敛速度和求解精度方面，ANSYS Fluent 也偶有较好的表现，其应用范围覆盖了外流、内流、湍流与转捩、传热、传质、相变、辐射、化学反应与燃烧、多相流、旋转机械、动变/形变网格、噪声以及多物理场等方面。

（3）电磁仿真

在电磁仿真方面，ANSYS 主要包括 ANSYS HFSS 三维高频电磁场仿真工具、ANSYS Q3D 面向电子设备/器件的寄生参数提取工具、ANSYS Siwave 面向 PCB 及封装的 SI/PI/EMI 分析工具、ANSYS Maxwell 低频电磁仿真软件和 ANSYS Twin Builder 系统级仿真软件，如图 1-5 所示。

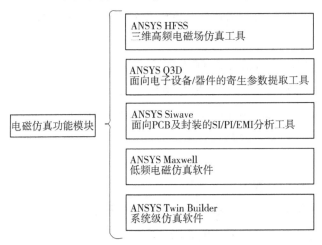

图 1-5　ANSYS 电磁仿真主要功能模块

ANSYS HFSS 能对任意三维结构内的电磁场进行仿真，已经成为电磁仿真行业的标准工具，是硬件设备中必不可少的高频/高速电子器件的首选工具，ANSYS HFSS 主要具有以下优点：

①多物理场仿真

HFSS 的高性能及高准确性可以通过 ANSYS Workbench 平台调用。该工具通过一个以用户为中心的界面直接与企业级结构 CAD 工具链接，从而实现多物理场仿真。采用此功能，用户可以处理将 HFSS 仿真结果作为输入条件的热分析及流体分析问题。

②混合算法求解器

混合算法求解器使用有限元法和矩量法等,可以在不降低精度的情况下极大减少内存占用和分析时间。

③瞬态求解器

瞬态求解器(transient solver)可以仿真时间响应的电磁场。

④IE/PO 求解器

IE(矩量法)/PO(物理光学法)求解器可以高效仿真天线和电磁波的散射特性。

⑤HFSS SBR+求解器

HFSS SBR+求解器具备行业领先的技术,可以高效仿真超大规模电磁传播问题,包括射线辐射增益、传播特性及电磁场分布。在仿真射线的多重反射时,可以考虑折射效果和相位。

⑥专用于 PCB/IC 的 3D LAYOUT 环境

3D LAYOUT 是一种专门用于层叠结构模型(如 PCB、IC 等)的仿真环境。以 Stackup Editor 表示层叠结构,可以高效地编辑布局。此外,可以通过在布局上增加元件的参数和等效电路进行电磁场仿真,能更详细地评估实际的 PCB/IC 电气特性。

⑦自适应网格划分技术

在分析电磁场的同时采用最优化的网格生成算法,可以自动划分用于精确计算的网格。即使在不了解复杂电磁场现象的情况下,也能进行高精度的电磁场分析。

ANSYS Maxwell 能有效分析瞬态磁场、涡流磁场、静磁场、静电场、交直流传导场和瞬态电场等仿真问题,不仅可以精确求解二维问题,还可以高效求解三维问题。求解结果主要包括力、转矩、电阻、电感和阻抗等重要电磁场参数。ANSYS Maxwell 主要具有以下优点:

①多种优化算法

提供丰富的优化算法,支持用户采用不同的优化算法求解,得到最优的计算结果。

②材料模型库

为电磁仿真提供常用的线性和非线性材料,包括导体、绝缘体、硬磁/软磁材料和各向异性材料等。同时允许用户编辑添加自定义的材料,创建用户材料库。

③丰富的模型数据库

提供方便用户自定义建模的 UDP 数据库,可以参数化建模,快速、准确地生成几何模型,参数化后的模型方便之后的优化扫描与计算。

④多求解器共用一个交互界面

提供能够支持包括电磁场求解器在内的多个场求解器统一软件交互界面及一致的交互方式。

⑤丰富的 CAD 数据接口

CAD 数据接口支持 IGES、STEP、STL 和 DXF 等几何模型数据的导入,方便用户自定义建模。

(4)增材制造

ANSYS Additive Suite 增材制造工艺仿真套件可以从宏观和微观两个尺度对金属增材制造过程进行仿真,预测零部件温度、形变、应力分布及熔池尺寸、材料孔隙率、微观组织等,帮助用户优化工艺方案、零件结构、工艺参数等,降低废品率和成本,缩短制造周期,实现高品质的增材制造。ANSYS Additive Suite 主要具有以下优点:

①微观组织预测

预测材料微观组织的生长取向、大小,建立组织与性能的关联。

②形变补偿

自动输出反形变设计模型,进行形变补偿,保证打印精度。

③刮刀干涉风险预测

预测零件打印中翘曲形变导致的刮刀干涉风险。

④零件宏观打印缺陷预测

预测打印零件形变、开裂、应力分布等情况。

⑤增材数据准备

可以对存在缺陷的几何模型进行有效修复,同时支持零件的位置优化和支撑结构规划。

1.2.2　Abaqus

Abaqus 是一款强大的基于有限元法的工程仿真软件,从较为简单的线性问题到复杂的非线性问题,Abaqus 都能找到合适的求解器进行高效、准确的求解。

Abaqus 的主要功能模块包括 Abaqus/CAE 有限元前后处理框架系统、Abaqus/Explicit 显式非线性分析求解器、Abaqus/Standard 隐式非线性分析求解器、ATOM 拓扑优化模块、Abaqus/CFD 流体分析模块、Abaqus/CAE 电磁分析模块、Abaqus/Design 敏感分析模块和 Abaqus/Safa 疲劳分析模块等,如图 1-6 所示。

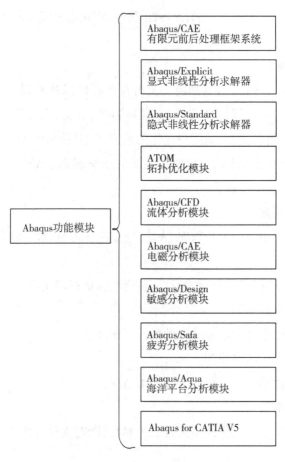

图 1-6　**Abaqus** 主要功能模块

（1）Abaqus/CAE

Abaqus/CAE 具有友好的交互界面，它是基于 Windows 系统的前后处理器，极大地降低了仿真的入门难度。不仅如此，Abaqus/CAE 还将工程设计、仿真、设计评估和设计优化等功能集成在一起，极大地提高了产品设计验证效率。Abaqus/CAE 主要具有以下优点：

①高度集成了模型建立、分析计算、项目管理和后处理等功能

可以对几何模型的特征进行参数化处理，进而实现参数化建模，直接修改模型的几何特征参数即可实现有限元分析模型的修改。Abaqus/CAE 可以将分析模型中的载荷、边界和材料直接施加在几何模型上，并将这些信息转化为有限元分析条件，求解计算完成后，还提供可视化结果分析环境。

②支持各种 CAD 模型的导入与导出

不仅能直接识别各种通用格式的 CAD 模型，还能识别主流软件格式的 CAD 模型，并提供 Solidworks 和 Creo 两个软件的数据接口，为模型修改提供了专业、高效的工具。

③有限元网格自动划分

具有丰富的网格划分工具，并不断向智能化网格划分的方向发展。通过自动划分创建的网格质量非常高，高质量网格自动划分不仅降低了有限元分析的门槛，而且极大地保证了分析结果的准确性。

（2）Abaqus/Standard

Abaqus/Standard 是一款高级隐式非线性分析求解器，其功能非常丰富，包括线性静力学分析、非线性静力学分析、频谱分析、模态分析、动力响应分析、随机振动分析和疲劳分析等。Abaqus/Standard 主要具有以下优点：

①极高的软件可靠性

该产品通过了 ISO9001 质量认证，是一款可靠性极高的有限元分析软件，并经历过不同工程环境的长期检验。

②高度灵活的开放式结构

在保证较强求解计算能力的同时，还配有良好的开放接口，用户可以通过添加子程序的方法扩展其分析功能。同时也为用户提供子程序开发接口，其开发语言可以使用 FORTRAN，也可以使用目前较为流行的 Python。

③无限的解题能力

对于解的自由度数没有任何限制,不但可以用于中小型项目,而且对于处理大型工程项目同样非常有效。

④高效的并行功能

为了保证计算速度,支持多 CPU 或 MPI 环境下实现大规模并行处理的功能,极大地提高了大型工程项目的求解计算速度。

(3)Abaqus/Explicit

Abaqus/Explicit 是一款高级显式非线性分析求解器,它能够解决大部分工程领域的高度非线性动力学问题,主要包括工程场景中常见的冲击、碰撞、爆炸和高度大形变等。单元类型和非线性材料是非线性问题求解的关键影响因素,Abaqus/Explicit 为用户提供了丰富的单元库和材料模型库,用户可以快速地在库中找到合适单元类型和材料类型。当然,用户也可以根据实际需求,在Abaqus/Explicit 提供的材料模型基础上建立自己的模型库。

(4)ATOM

ATOM 作为 Abaqus 软件的优化模块,是在 Abaqus6.11 版本以后加入的。ATOM 主要用于非线性结构的优化,为用户提供了拓扑优化和形状优化两种方法,其操作难度明显低于其他软件,为产品结构工程师提供了优秀的产品优化设计方案。

(5)Abaqus/CFD

Abaqus/CFD 是 Abaqus 的流体分析模块,主要解决层流、湍流和热对流等不可压缩流动问题。用户可以联合 Abaqus/CFD、Abaqus/Standard 或 Abaqus/Explicit 进行多物理场耦合仿真,这样可以消除结构场和流热场之间的隔阂,扩大 Abaqus 的应用范围。

1.2.3　Altair

与 ANSYS 一样,Altair 同样包含各种各样的仿真软件,这些仿真软件也覆盖了大部分工程应用领域,其中 HyperMesh 是目前最流行的工程仿真网格划分软件。除了 HyperMesh,Altair 软件系列还包括 FEKO、OptiStruct、Inspire、nanoFluidX、SimLab、Flux、PollEx、MotionSolve、Radioss、ultraFluidX、PolyUMod、Flow Simulator、ElectroFlo、FluxMotor、ESAComp、SimSolid、HyperWorks Unlimited、

HyperView、Inspire Form、Inspire Extrude、Inspire Cast、HyperStudy、HyperLife、HyperGraph、HyperCrash、AcuSolve 及 MotionView 等,下面对一些常用的软件进行说明。

（1）Altair HyperMesh

Altair HyperMesh 是一款著名的有限元前处理软件,可以满足各个有限元仿真软件的网格划分需求。它几乎与所有 CAD 和 CAE 软件建立了交互接口,并且提供了强大的 CAD 模型修复工具和 CAE 仿真条件设计工具。Altair HyperMesh 主要具有以下优点:

①快速划分高质量网格

建立了流程化的仿真建模过程,对于复杂几何模型具有一套高效的处理与网格划分的工具。

②模型构建与装配

HyperMesh Part Browser 提供了高效的零件模型的构建、装配以及显示管理,同时与产品数据管理系统(PDM)双向链接,可以无缝兼容 CAD 软件的模型层次结构,极大地提高了模型处理效率。

③先进的可视化 3D 建模

为不同的单元类型设置不同的显示效果,同时用户也可以自定义任意网格和几何模型的显示方式,以使网格具有较好的可视化效果,方便了网格的检查与修复。

④多样的网格划分方法

提供了多种网格划分方法,包括面网格划分、Solid map 六面体网格划分、四面体网格划分、CFD 网格划分、声腔网格划分、包面网格划分和 SPH 网格划分等。

（2）Altair FEKO

Altair FEKO 是一款电磁场仿真软件,采用多种频域和时域技术。它能够高效地分析与天线设计、天线布局、雷达散射截面(RCS)、电磁散射、电磁兼容、电磁脉冲(EMP)、雷电效应、高强度辐射场(HIRF)和辐射危害等相关的宽频谱电磁问题。

（3）Altair OptiStruct

Altair OptiStruct 是一款广泛应用并经过长期验证的集合了线性和非线性静

力学及振动的求解器。它可以帮助工程师完成强度、寿命和 NVH(噪声、振动与声振粗糙度)等方面的结构设计优化工作,特别是在轻量化设计方面,Altair OptiStruct 具有独特优势。

1.2.4　STAR-CCM+

STAR-CCM+是西门子公司开发的新一代流体仿真软件,是几何建模、模型前处理、计算执行及计算结果后处理与分析一体化的集成环境,具有处理复杂几何模型的能力,减少表面网格和体网格的准备时间,提供广泛的物理模型以解决跨学科的综合工程问题。STAR-CCM+主要涉及流体力学、传热学、气动声学和电化学等领域。

1.2.5　EDEM

EDEM 是基于离散元法的仿真软件,是目前离散问题的最佳求解软件之一。在有限元分析软件中解决离散问题会遇到各种各样的困难,虽然部分有限元软件引入了 SPH 方法,但是这种方法的求解速度非常慢。离散元软件采用离散的颗粒作为计算最小单元,可以较快速、准确地仿真各种离散问题,包括煤炭、矿石、纤维、谷物、片剂和粉末等相关问题。EDEM 提供了与 CAD 软件交互的接口,可以轻松地将 CAD 模型导入,还配备了 ANSYS Fluent 等主流有限元软件以及 Adams 等动力学分析软件的接口,实现了离散元分析与有限元分析或动力学分析的并行运算。

EDEM 包括三个主要模块,分别是 Creator、Simulator 和 Analyst。Creator 为前处理模块,主要用于几何建模、颗粒建模、模型设计等前处理操作;Simulator 为求解设置模块,主要用于对仿真时间、算法、运算硬件等内容进行设置;Analyst 为后处理模块,主要用于分析求解结果,并将求解结果进行可视化处理。

1.2.6　COMSOL Multiphysics

COMSOL Multiphysics 是一款通用仿真软件,主要包括电磁模块、结构和声学模块、多功能模块、流体和传热模块、化工以及接口功能模块,如图 1-7 所示。

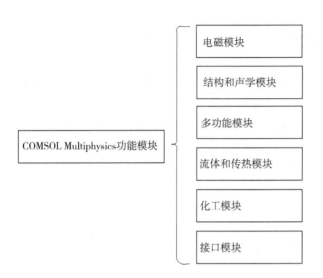

图 1-7 **COMSOL Multiphysics 主要功能模块**

1.3 工程物理场仿真的应用领域

随着工程仿真技术的不断发展,越来越多的工程仿真软件不断涌现,工程物理场仿真的应用已经覆盖各个领域,如通用机械、航空航天和船舶工业等。

1.3.1 通用机械领域

通用机械是指应用范围广、具有通用特点的各种类机械设备。根据通用机械的应用场景和作用可以将其分为动力机械、工程机械、传动机械和执行机械等。通用机械在设计过程中不仅要考虑使用功能,由于应用范围广泛,因此也需要考虑其安全、稳定和经济性能,在这样的背景下,工程仿真技术就成为不可缺少的技术手段。

1.3.2 航空领域

飞机设计是一项过程复杂、周期长、技术含量高的工作,其研发过程充满了挑战性,几乎涉及所有重要的技术领域,如流体力学、结构力学、传热学、材料学和微机电系统等。要完成以上研发目标,就需要解决大量的工程问题,所以要应用现代先进的工程物理场仿真技术来提高研发设计能力。

1.3.3　航天领域

火箭/导弹的结构复杂,其研制过程是一个复杂的系统工程,具有周期长和费用高的特点,经常涉及刚度、强度、疲劳寿命、散热、强激波、高马赫数、气动热、外弹道、气动弹性、噪声和流-固-热耦合等方面的工程问题。如果只依靠传统的试验手段进行设计验证,开发成本会大幅升高,开发周期也会非常漫长。

1.3.4　汽车领域

汽车是由几千个零部件组成的复杂产品,在其研发过程中需要解决大量的工程问题。随着工程物理场仿真技术的日趋成熟,将工程仿真与传统的试验和设计经验相结合,形成互补,可以提升研发设计能力,降低研发成本,缩短研发周期,大幅度提高企业的市场竞争力。

1.3.5　石油化工领域

石油天然气工业所涉及的科学技术领域十分广泛,涵盖了当今世界上最先进的科学与工程技术。尤其随着现代化石油科技的不断发展,把原有的石油及其他学科的理论、方法与不断发展的计算机技术结合起来已经成为最新的发展趋势。通过多学科联合,以计算机软硬件技术为手段,可以解决石油天然气工业中的技术难题。

1.3.6　电子电器领域

电子电器产品的构成一般都较为复杂,同样涉及大量的工程问题,试制过程烦琐、成本高、效率低。利用工程物理场仿真技术能在试制之前对电子产品的各项指标进行模拟分析,极大提高了研发效率,降低了研发成本。

1.3.7　船舶领域

船舶可以分为军用船舶和民用船舶两大类。军用船舶的研发过程经常涉及强度、刚度、振动与噪声、抗爆性、疲劳、快速性、操纵性与耐波性以及稳定性等多方面的技术问题,民用船舶的设计目标在于提高结构强度、载重量和快速性等方面。无论是哪一类研究设计,都需要工程物理场仿真技术的支持,以减少新船试验次数,节省制造费用开支,缩短研发周期。

第2章 有限元法理论基础

经典弹性力学是结构计算的重要理论依据之一,但是在实际应用过程中需要求解偏微分方程的边值问题,而求解偏微分方程过程繁琐、难度较大。当遇到不规则几何形状、非线性几何体和非线性材料问题时,计算难度迅速增加,甚至几乎不可能利用经典弹性力学的方法去解决问题。面对复杂结构力学问题,寻找灵活、简单、有效、准确的求解方法十分必要。随着计算机技术的快速发展,基于微积分原理的有限元法迅速得到广泛应用。

2.1 有限元法概述

弹性体位移计算是有限元法最初的应用领域,其基本计算过程分为以下几个步骤:第一,将连续的分析对象分割成有限个小块,这些小块在有限元法中称为单元或有限单元,任意一个单元在指定的位置与其他单元连接,连接的点在有限元法中称为节点,每个单元都包含一个节点;第二,将作用在单元上的外力等效到单元的节点上;第三,在单元内部构建简单的函数来表示等效应力与位移的关系;第四,将每个单元的应力和位移方程集中起来,构建求解新的方程,即可得到整个部件的应力与位移的关系。图2-1为有限元法计算流程示意图。

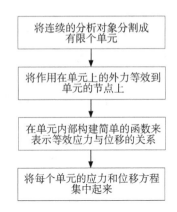

图 2-1　有限元法计算流程示意图

　　雷尼柯夫首次提出将有限元法应用于桁架的弹性力学求解问题,后续柯兰特、阿基里斯、克尔西、特纳、克拉夫、马丁和托普等人围绕有限元法的雏形做了很多研究工作。直到 1960 年,有限元法的相关理论才基本完善,克拉夫也首次使用了"有限元法"这个名称。经过几十年的发展,有限元法已经从最初作为解决杆弹性问题的方法发展为结构场、流体场、热力场和电磁场的仿真工具,其应用范围还在继续扩大。

2.2　有限元法基本理论

2.2.1　弹性力学基本方程

　　有限元法经常用到的基本方程之一为弹性力学方程,弹性体在载荷的作用下,其内任意一点的应力状态可以用 σ_x、σ_y、σ_z、τ_{xy}、τ_{yz} 和 τ_{zx} 六个应力分量来表示。其中,σ_x、σ_y 和 σ_z 为正应力,τ_{xy}、τ_{yz} 和 τ_{zx} 为剪应力,当正应力方向与坐标轴正方向相同时,σ_x、σ_y 和 σ_z 为正值,当正应力方向与坐标轴正方向相反时,σ_x、σ_y 和 σ_z 为负值,如图 2-2 所示。表示应力分量的矩阵称为应力矩阵或应力矢量,可以用 $\{\boldsymbol{\sigma}\}$ 来表示,如式(2-1)所示。

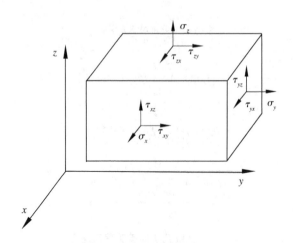

图 2-2 空间中的应力分量

$$\{\boldsymbol{\sigma}\} = \begin{Bmatrix} \sigma_x \\ \sigma_y \\ \sigma_z \\ \tau_{xy} \\ \tau_{yz} \\ \tau_{zx} \end{Bmatrix} = \begin{bmatrix} \sigma_x & \sigma_y & \sigma_z & \tau_{xy} & \tau_{yz} & \tau_{zx} \end{bmatrix}^{\mathrm{T}} \qquad (2-1)$$

在载荷的作用下,弹性体会产生一定的形变和位移,把弹性体内任意一点的位移表示成直角坐标系的三个位移分量 u、v 和 w,并将位移分量用矩阵的方式表示,称为位移矩阵或位移矢量,如式(2-2)所示。

$$\{\boldsymbol{u}\} = \begin{Bmatrix} u \\ v \\ w \end{Bmatrix} = \begin{bmatrix} u & v & w \end{bmatrix}^{\mathrm{T}} \qquad (2-2)$$

弹性体在外力的作用下产生形变,弹性体内任意一点的应变可以用 ε_x、ε_y、ε_z、γ_{xy}、γ_{yz} 和 γ_{zx} 六个应变分量来表示。其中,ε_x、ε_y 和 ε_z 为正应变,γ_{xy}、γ_{yz} 和 γ_{zx} 为剪应变。应力的正负号与应变的正负号相同,当应变伸长时为正号,当应变缩短时为负号。剪应变的正负取决于沿两个坐标轴正方向线段的夹角,当夹角变大时为负号,当夹角变小时为正号,如图 2-3 所示。用矩阵的形式表示应变,称为应变矩阵或应变矢量,如式(2-3)所示。

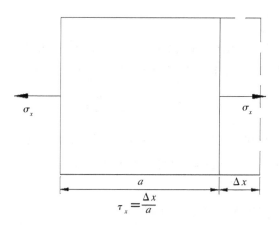

（a）正应变

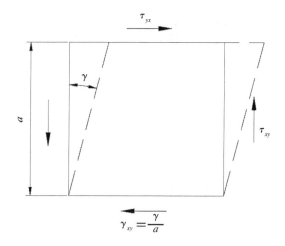

（b）剪应变

图 2-3　应变的方向

$$\{\boldsymbol{\varepsilon}\} = \left\{\begin{array}{c} \varepsilon_x \\ \varepsilon_y \\ \varepsilon_z \\ \gamma_{xy} \\ \gamma_{yz} \\ \gamma_{zx} \end{array}\right\} = \begin{bmatrix} \varepsilon_x & \varepsilon_y & \varepsilon_z & \gamma_{xy} & \gamma_{yz} & \gamma_{zx} \end{bmatrix}^{\mathrm{T}} \qquad (2-3)$$

2.2.2 平衡方程

在弹性体 V 域中,任意一点沿坐标轴 x、y、z 方向张量形式的平衡方程可以表示应力和体积力的关系,称为平衡微分方程,如式(2-4)所示:

$$\sigma_{ij,i} + X_j = 0 \left(= \rho \frac{\partial^2 u_j}{\partial t^2} \right) \tag{2-4}$$

式中,ρ 表示物体的密度,t 表示时间,位移对时间的二阶偏导数表示加速度。当物体处于平衡状态时,式(2-4)的右侧等于 0;当考虑物体的运动情况时,式(2-4)的右侧不等于 0。

按照物体的平衡状态将式(2-4)展开,则:

$$\begin{cases} \dfrac{\partial \sigma_{11}}{\partial x_1} + \dfrac{\partial \sigma_{21}}{\partial x_2} + \dfrac{\partial \sigma_{31}}{\partial x_3} + X_1 = 0 \\[2mm] \dfrac{\partial \sigma_{12}}{\partial x_1} + \dfrac{\partial \sigma_{22}}{\partial x_2} + \dfrac{\partial \sigma_{32}}{\partial x_3} + X_2 = 0 \\[2mm] \dfrac{\partial \sigma_{13}}{\partial x_1} + \dfrac{\partial \sigma_{23}}{\partial x_2} + \dfrac{\partial \sigma_{33}}{\partial x_3} + X_3 = 0 \end{cases} \tag{2-5}$$

标号 1 对应 x 方向,标号 2 对应 y 方向,标号 3 对应 z 方向,将 1、2、3 分别用 x、y、z 替换,则:

$$\begin{cases} \dfrac{\partial \sigma_x}{\partial x} + \dfrac{\partial \sigma_{yx}}{\partial y} + \dfrac{\partial \sigma_{zx}}{\partial z} + X = 0 \\[2mm] \dfrac{\partial \sigma_{xy}}{\partial x} + \dfrac{\partial \sigma_y}{\partial y} + \dfrac{\partial \sigma_{zy}}{\partial z} + Y = 0 \\[2mm] \dfrac{\partial \sigma_{xz}}{\partial x} + \dfrac{\partial \sigma_{yz}}{\partial y} + \dfrac{\partial \sigma_z}{\partial z} + Z = 0 \end{cases} \tag{2-6}$$

用 τ 替换 σ,则:

$$\begin{cases} \dfrac{\partial \sigma_x}{\partial x} + \dfrac{\partial \tau_{yx}}{\partial y} + \dfrac{\partial \tau_{zx}}{\partial z} + X = 0 \\[2mm] \dfrac{\partial \tau_{xy}}{\partial x} + \dfrac{\partial \sigma_y}{\partial y} + \dfrac{\partial \tau_{zy}}{\partial z} + Y = 0 \\[2mm] \dfrac{\partial \tau_{xz}}{\partial x} + \dfrac{\partial \tau_{yz}}{\partial y} + \dfrac{\partial \sigma_z}{\partial z} + Z = 0 \end{cases} \tag{2-7}$$

式中,微分单元在 x、y、z 方向的体积力分别为 X、Y、Z。

2.2.3　几何方程

位移与应变的关系可以表达为几何方程。在发生微小位移和形变的情况下,如果不考虑位移导数的高次幂,则应变和位移的几何关系可以用式(2-8)表示:

$$\varepsilon_{ij} = \frac{1}{2}(u_{j,i} + u_{i,j}) \tag{2-8}$$

将式(2-8)展开,则:

$$
\begin{cases}
\varepsilon_{11} = \dfrac{\partial u_1}{\partial x_1} \\[2mm]
\varepsilon_{22} = \dfrac{\partial u_2}{\partial x_2} \\[2mm]
\varepsilon_{33} = \dfrac{\partial u_3}{\partial x_3} \\[2mm]
\varepsilon_{12} = \dfrac{1}{2}\left(\dfrac{\partial u_1}{\partial x_2} + \dfrac{\partial u_2}{\partial x_1}\right) = \varepsilon_{21} \\[2mm]
\varepsilon_{23} = \dfrac{1}{2}\left(\dfrac{\partial u_2}{\partial x_3} + \dfrac{\partial u_3}{\partial x_2}\right) = \varepsilon_{32} \\[2mm]
\varepsilon_{31} = \dfrac{1}{2}\left(\dfrac{\partial u_3}{\partial x_1} + \dfrac{\partial u_1}{\partial x_3}\right) = \varepsilon_{13}
\end{cases} \tag{2-9}
$$

标号 1 对应 x 方向,标号 2 对应 y 方向,标号 3 对应 z 方向,将 1、2、3 分别用 x、y、z 替换,则:

$$\begin{cases} \varepsilon_x = \dfrac{\partial u}{\partial x} \\[2mm] \varepsilon_y = \dfrac{\partial v}{\partial y} \\[2mm] \varepsilon_z = \dfrac{\partial w}{\partial z} \\[2mm] \gamma_{xy} = \dfrac{1}{2}\left(\dfrac{\partial u}{\partial y} + \dfrac{\partial v}{\partial x}\right) = \gamma_{yx} \\[2mm] \gamma_{yz} = \dfrac{1}{2}\left(\dfrac{\partial v}{\partial z} + \dfrac{\partial w}{\partial y}\right) = \gamma_{zy} \\[2mm] \gamma_{zx} = \dfrac{1}{2}\left(\dfrac{\partial w}{\partial x} + \dfrac{\partial u}{\partial z}\right) = \gamma_{xz} \end{cases} \tag{2-10}$$

2.2.4 物理方程

弹性体应力分量和应变分量之间的关系一般用物理方程来表示。在经典弹性力学相关理论中,应变与应力之间的关系又称为弹性关系。对于各向同性的线弹性材料,应变与应力的关系为:

$$\varepsilon_{ij} = \dfrac{1}{E}\left[\,(1+v)\,\sigma_{ij} - v\sigma_{kk}\delta_{ij}\,\right] \tag{2-11}$$

式中,E 为弹性模量,δ_{ij} 为位移。

将式(2-11)展开,则:

$$\begin{cases} \varepsilon_x = \dfrac{1}{E}\left[\,\sigma_x - \mu(\sigma_y + \sigma_z)\,\right] \\[2mm] \varepsilon_y = \dfrac{1}{E}\left[\,\sigma_y - \mu(\sigma_z + \sigma_x)\,\right] \\[2mm] \varepsilon_z = \dfrac{1}{E}\left[\,\sigma_z - \mu(\sigma_x + \sigma_y)\,\right] \\[2mm] \gamma_{yz} = \dfrac{2(1+\mu)}{E}\tau_{yz} \\[2mm] \gamma_{zx} = \dfrac{2(1+\mu)}{E}\tau_{zx} \\[2mm] \gamma_{xy} = \dfrac{2(1+\mu)}{E}\tau_{xy} \end{cases} \tag{2-12}$$

按照位移的方法求解,则:

$$\begin{cases} \sigma_x = \dfrac{E}{1+\mu}\left(\dfrac{\mu}{1-2\mu}e + \varepsilon_x\right) \\[3mm] \sigma_y = \dfrac{E}{1+\mu}\left(\dfrac{\mu}{1-2\mu}e + \varepsilon_y\right) \\[3mm] \sigma_z = \dfrac{E}{1+\mu}\left(\dfrac{\mu}{1-2\mu}e + \varepsilon_z\right) \\[3mm] \tau_{yz} = \dfrac{E}{2(1+\mu)}\gamma_{yz} \\[3mm] \tau_{zx} = \dfrac{E}{2(1+\mu)}\gamma_{zx} \\[3mm] \tau_{xy} = \dfrac{E}{2(1+\mu)}\gamma_{xy} \end{cases} \quad (2\text{-}13)$$

式中,体积应变 $e = \varepsilon_x + \varepsilon_y + \varepsilon_z$,用矩阵方程表示:

$$\begin{Bmatrix} \sigma_x \\ \sigma_y \\ \sigma_z \\ \tau_{xy} \\ \tau_{yz} \\ \tau_{zx} \end{Bmatrix} = \dfrac{E(1-\mu)}{(1+\mu)(1-2\mu)} \begin{bmatrix} 1 & \dfrac{\mu}{1-\mu} & \dfrac{\mu}{1-\mu} & 0 & 0 & 0 \\[3mm] \dfrac{\mu}{1-\mu} & 1 & \dfrac{\mu}{1-\mu} & 0 & 0 & 0 \\[3mm] \dfrac{\mu}{1-\mu} & \dfrac{\mu}{1-\mu} & 1 & 0 & 0 & 0 \\[3mm] 0 & 0 & 0 & \dfrac{1-2\mu}{2(1-\mu)} & 0 & 0 \\[3mm] 0 & 0 & 0 & 0 & \dfrac{1-2\mu}{2(1-\mu)} & 0 \\[3mm] 0 & 0 & 0 & 0 & 0 & \dfrac{1-2\mu}{2(1-\mu)} \end{bmatrix} \begin{Bmatrix} \varepsilon_x \\ \varepsilon_y \\ \varepsilon_z \\ \gamma_{xy} \\ \gamma_{yz} \\ \gamma_{zx} \end{Bmatrix} \quad (2\text{-}14)$$

上式可以简写为:

$$\{\boldsymbol{\sigma}\} = [\boldsymbol{D}]\{\boldsymbol{\varepsilon}\} \quad (2\text{-}15)$$

式中, $[\boldsymbol{D}]$ 为弹性矩阵。

对于平面应力问题, $\sigma_z = \tau_{yz} = \tau_{zx} = 0$,式(2-15)可以变换为:

$$\begin{bmatrix} \sigma_x \\ \sigma_y \\ \tau_{xy} \end{bmatrix} = \dfrac{E}{1-\mu^2} \begin{bmatrix} 1 & \mu & 0 \\ \mu & 1 & 0 \\ 0 & 0 & \dfrac{1-\mu}{2} \end{bmatrix} \begin{bmatrix} \varepsilon_x \\ \varepsilon_y \\ \gamma_{xy} \end{bmatrix} \quad (2\text{-}16)$$

对于平面应变问题，$\varepsilon_z = 0$，式(2-15)可以变换为：

$$
\begin{bmatrix} \sigma_x \\ \sigma_y \\ \tau_{xy} \end{bmatrix} = \frac{E(1-\mu)}{(1+\mu)(1-2\mu)} \begin{bmatrix} 1 & \dfrac{\mu}{1-\mu} & 0 \\ \dfrac{\mu}{1-\mu} & 1 & 0 \\ 0 & 0 & \dfrac{1-2\mu}{2(1-\mu)} \end{bmatrix} \begin{bmatrix} \varepsilon_x \\ \varepsilon_y \\ \gamma_{xy} \end{bmatrix} \tag{2-17}
$$

2.2.5　虚功原理

弹性体的虚功原理为：如果弹性体所受的力处于平衡状态，那么外力在允许的微小虚位移上所做的功等于整个弹性体内的应力在虚应变上所做的功。

假设某一弹性体在集中力 $\{F\}$、体积力 $\{p\}$ 和表面力 $\{q\}$ 的作用下处于平衡状态，在体积内产生位移 $\{u\}$、应力 $\{\sigma\}$ 和应变 $\{\varepsilon\}$，那么可以假定弹性体内存在某种虚位移：

$$
\delta\{u\} = \begin{bmatrix} \delta u & \delta v & \delta w \end{bmatrix}^T \tag{2-18}
$$

其相应的虚应变为：

$$
\delta\{\varepsilon\} = \begin{bmatrix} \delta\varepsilon_x & \delta\varepsilon_y & \delta\varepsilon_z & \delta\gamma_{xy} & \delta\gamma_{yz} & \delta\gamma_{zx} \end{bmatrix}^T \tag{2-19}
$$

则其虚功原理可以表示为：

$$
\iiint \delta\{u\}^T\{p\}\,dV + \iint \delta\{u\}^T\{q\}\,dA + \delta\{u\}^T\{F\} = \iiint \delta\{\varepsilon\}^T\{\sigma\}\,dV \tag{2-20}
$$

对于平面问题，设平面的厚度为 h，则式(2-20)可以表示为：

$$
\iint \delta\{u\}^T\{p\}\,hdxdy + \int \delta\{u\}^T\{q\}\,hds + \delta\{u\}^T\{F\} = \iint \delta\{\varepsilon\}^T\{\sigma\}\,hdxdy \tag{2-21}
$$

2.3　一维问题的有限元法

假设存在一个悬挂着的等截面直杆，直杆的下端保持自由状态，如图 2-4 所示。单位长度的直杆所受重力为 q，直杆的横截面积为 A，材料的弹性模量为 E，杆长为 L，下面利用有限元法计算该直杆各横截面上的应力。

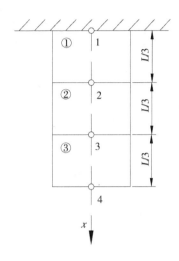

图 2-4　悬挂直杆示意图

2.3.1　单元与节点的载荷计算

在竖直方向上将直杆分成三段(有限元法是将物体分成有限的份数,但是由于篇幅有限,这里只分成三段,有限元法并不要求每份直杆的长度相等,这里分成相等三段只是方便计算),并将每段的重力等效到分点(图中标为 1、2、3 和 4)上。小段在有限元法中称为单元,分点称为节点,等效到节点上的载荷称为节点载荷。

在材料力学中,该直杆的应力 $\sigma(x)$ 、应变 $\varepsilon(x)$ 和位移 $u(x)$ 可以通过式 (2-22)求解:

$$\begin{cases} u(x) = \dfrac{q}{2EA}(2Lx - x^2) \\[2mm] \varepsilon(x) = \dfrac{q}{EA}(L - x) \\[2mm] \sigma(x) = \dfrac{q}{A}(L - x) \end{cases} \qquad (2-22)$$

在材料力学的计算方法中,无论怎样划分直杆,划分得到的每个单元的位移都是关于 x 的二次函数,但是如果划分的单元数量多,那么单元的长度就小,节点的数量就多,就可以利用线性函数和近似的方法来解决单元的位移问题。

用①、②和③分别表示直杆从上到下的三个单元,在单元符号加上下标表示单元两端节点的编号,分别为 12、23 和 34,完整的单元和节点可以表示为 ①$_{12}$、②$_{23}$ 和 ③$_{34}$。

线性单元的位移函数可以表示为:

$$u = \alpha_1 + \alpha_2 x \tag{2-23}$$

式中, α_1 和 α_2 为常数,其值由单元节点的位移值 u_i 和 u_j 决定, 其中,

$$\begin{cases} u_i = \alpha_1 + \alpha_2 x_i \\ u_j = \alpha_1 + \alpha_2 x_j \end{cases} \tag{2-24}$$

求解 α_1 和 α_2,得:

$$\begin{cases} \alpha_1 = \dfrac{x_j}{x_j - x_i} u_i - \dfrac{x_j}{x_j - x_i} u_j \\ \alpha_2 = -\dfrac{1}{x_j - x_i} u_i + \dfrac{1}{x_j - x_i} u_j \end{cases} \tag{2-25}$$

将式(2-25)代入式(2-23)中,得:

$$\{\boldsymbol{u}\} = \begin{bmatrix} \dfrac{x_j - x}{x_j - x_i} & \dfrac{x - x_i}{x_j - x_i} \end{bmatrix} \begin{Bmatrix} u_i \\ u_j \end{Bmatrix} \tag{2-26}$$

式中,x 与 $\dfrac{x_j - x}{x_j - x_i}$ 和 $\dfrac{x - x_i}{x_j - x_i}$ 呈线性关系,这种函数关系称为形函数,形函数反映单元的位移分布形态,若使

$$N_i = \frac{x_j - x}{x_j - x_i}, \ N_j = \frac{x - x_i}{x_j - x_i} \tag{2-27}$$

则形函数矩阵为:

$$[\boldsymbol{N}] = \begin{bmatrix} N_i & N_j \end{bmatrix} \tag{2-28}$$

节点位移阵列为:

$$\{\boldsymbol{\Delta}\}^e = \begin{Bmatrix} u_i \\ u_j \end{Bmatrix} \tag{2-29}$$

式中,^{e} 表示对任意单元。

合并式(2-26)至式(2-29),得:

$$\{\boldsymbol{u}\} = [\boldsymbol{N}]\{\boldsymbol{\Delta}\}^e \tag{2-30}$$

式(2-30)用节点位移表示了单元位移。

利用虚位移原理可以将每个单元上的重力等效移动到节点上,下面介绍该过程。对于单元 ①$_{ij}$,如果该单元重力载荷移动到节点 i 和 j,那么 i 和 j 的节点载荷分别为 R_{ie} 和 R_{je},并规定沿坐标轴正方向为正。

首先假设单元①$_{ij}$ 发生这样的虚位移:节点 i 沿着 x 方向移动一个单位,节点 j 不动,即 $\delta u_i = 1$, $\delta u_j = 0$,如图 2-5 所示。

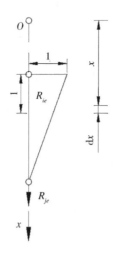

图 2-5　虚位移示意图

根据单元位移函数推导单元虚位移关系式,得:

$$\delta\{\boldsymbol{u}\} = [\boldsymbol{N}]\delta\{\boldsymbol{\Delta}\}^e \tag{2-31}$$

式中,

$$\delta\{\boldsymbol{\Delta}\}^e = \begin{Bmatrix} \delta u_i \\ \delta u_j \end{Bmatrix} \tag{2-32}$$

由于 $\delta u_i = 1$, $\delta u_j = 0$,因此得:

$$\delta u = \frac{x_j - x}{x_j - x_i} \tag{2-33}$$

从而得到单元重力所做虚功为:

$$\int_{x_i}^{x_j} \delta u \cdot q \mathrm{d}x = \int_{x_i}^{x_j} \frac{x_j - x}{x_j - x_i} q \mathrm{d}x = \frac{q}{2}(x_j - x_i) \tag{2-34}$$

R_{ie} 所做虚功为 $1 \cdot R_{ie}$,而 R_{je} 不做功。由虚功原理可得:

$$R_{ie} = \frac{q}{2}(x_i - x_j) \tag{2-35}$$

同理可得：

$$R_{je} = \frac{q}{2}(x_j - x_i) \tag{2-36}$$

若记：

$$\{\boldsymbol{R}\}^e = \frac{q}{2}(x_j - x_i)\begin{Bmatrix} 1 \\ 1 \end{Bmatrix} \tag{2-37}$$

把单元重力 $q(x_j - x_i)$ 转移到节点上即可。

$$R_{1①} = R_{2①} = R_{2②} = R_{3②} = R_{3③} = R_{4③} = \frac{qL}{6} \tag{2-38}$$

最上方的节点固定在墙体上，它还受到约束反作用力 $R = -qL$，单元载荷转移之后，各个节点的载荷分别为：

$$\begin{cases} R_1 = R + R_{1①} = \dfrac{5qL}{6} \\[2mm] R_2 = R_{2①} + R_{2②} = \dfrac{qL}{3} \\[2mm] R_3 = R_{3②} + R_{3③} = \dfrac{qL}{3} \\[2mm] R_4 = R_{4③} = \dfrac{qL}{6} \end{cases} \tag{2-39}$$

2.3.2 单元与节点的应力和应变计算

利用物理方程、几何方程与虚功原理分析单元应力、应变以及节点的受力与位移关系。

由几何方程得：

$$\{\boldsymbol{\varepsilon}\} = \frac{\mathrm{d}\{\boldsymbol{u}\}}{\mathrm{d}x} = \frac{\mathrm{d}[N]}{\mathrm{d}x}\{\boldsymbol{\Delta}\}^e \tag{2-40}$$

式中，

$$\frac{\mathrm{d}[N]}{\mathrm{d}x} = \frac{\mathrm{d}}{\mathrm{d}x}[N_i \quad N_j] = \left[\frac{-1}{x_j - x_i} \quad \frac{1}{x_j - x_i}\right] = [B_i \quad B_j] \tag{2-41}$$

$$B_i = \frac{-1}{x_j - x_i}, \quad B_j = \frac{1}{x_j - x_i} \tag{2-42}$$

则：

$$\{\pmb{\varepsilon}\} = [\pmb{B}]\{\pmb{\Delta}\}^e \qquad (2\text{-}43)$$

式中，

$$[\pmb{B}] = [B_i \quad B_j] \qquad (2\text{-}44)$$

式中，$[\pmb{B}]$ 为单元应变矩阵，它反映单元应变与节点位移之间的关系。

一维弹性问题的物理方程为：

$$\sigma = E\varepsilon \qquad (2\text{-}45)$$

其矩阵形式为：

$$\{\pmb{\sigma}\} = [\pmb{D}]\{\pmb{\varepsilon}\} \qquad (2\text{-}46)$$

式中，$[\pmb{D}] = E$。

将式(2-43)代入式(2-46)，得：

$$\{\pmb{\sigma}\} = [\pmb{D}][\pmb{B}]\{\pmb{\Delta}\}^e \qquad (2\text{-}47)$$

或

$$\{\pmb{\sigma}\} = [\pmb{C}]\{\pmb{\Delta}\}^e \qquad (2\text{-}48)$$

式中，

$$[\pmb{C}] = [C_i \quad C_j] = [[\pmb{D}]B_i \quad [\pmb{D}]B_j] = \left[\frac{-E}{x_j - x_i} \quad \frac{E}{x_j - x_i}\right] \qquad (2\text{-}49)$$

式中，$[\pmb{C}]$ 为单元应力矩阵，它反映单元应力与节点位移之间的关系。

一般用虚功原理对单元节点受力和节点位移之间的关系进行分析。将整个直杆分成了三个单元以后，相邻两个单元之间的作用力通过节点来传递，单元与单元、单元与节点以及节点与节点之间的作用力都称为节点力，节点 i、j 处的节点力分别用 p_i、p_j 表示，如图 2-6 所示。节点单元的节点力以坐标轴正方向为正，对于单元来说，节点载荷为外力，记为：

$$\{\pmb{P}\}^e = \begin{Bmatrix} p_i \\ p_j \end{Bmatrix} \qquad (2\text{-}50)$$

图 2-6　节点位移与节点力示意图

外力所做虚功为：

$$[\delta\{\boldsymbol{\Delta}\}^e]^{\mathrm{T}}\{\boldsymbol{P}\}^e = p_i \cdot \delta u_i + p_j \cdot \delta u_j \tag{2-51}$$

内力所做虚功为：

$$\int_{x_i}^{x_j} [\delta\{\boldsymbol{\varepsilon}\}]^{\mathrm{T}}\{\boldsymbol{\sigma}\} A\mathrm{d}x \tag{2-52}$$

单元虚功为：

$$[\delta\{\boldsymbol{\Delta}\}^e]^{\mathrm{T}}\{\boldsymbol{P}\}^e = \int_{x_i}^{x_j} [\delta\{\boldsymbol{\varepsilon}\}]^{\mathrm{T}}\{\boldsymbol{\sigma}\} A\mathrm{d}x \tag{2-53}$$

由于 $\{\boldsymbol{\sigma}\} = [\boldsymbol{C}]\{\boldsymbol{\Delta}\}^e$，则：

$$\delta\{\boldsymbol{\varepsilon}\} = [\boldsymbol{B}]\delta\{\boldsymbol{\Delta}\}^e \tag{2-54}$$

根据单元虚功方程得：

$$[\delta\{\boldsymbol{\Delta}\}^e]^{\mathrm{T}}\{\boldsymbol{P}\}^e = [\delta\{\boldsymbol{\Delta}\}^e]^{\mathrm{T}}\int_{x_i}^{x_j} [\boldsymbol{B}]^{\mathrm{T}}[\boldsymbol{C}] A\mathrm{d}x \cdot \{\boldsymbol{\Delta}\}^e \tag{2-55}$$

由于节点的虚位移是任意的，式（2-55）又可以写为：

$$\{\boldsymbol{P}\}^e = \int_{x_i}^{x_j} [\boldsymbol{B}]^{\mathrm{T}}[\boldsymbol{C}] A\mathrm{d}x \cdot \{\boldsymbol{\Delta}\}^e \tag{2-56}$$

记为：

$$[\boldsymbol{K}]^e = \int_{x_i}^{x_j} [\boldsymbol{B}]^{\mathrm{T}}[\boldsymbol{C}] A\mathrm{d}x \tag{2-57}$$

可得：

$$\{P\}^e = [K]^e\{\Delta\}^e \qquad (2\text{-}58)$$

式中, $[K]^e$ 为单元刚度矩阵, 它反映单元节点力与节点位移之间的关系。

根据单元应力矩阵 $[C]$ 和单元应变矩阵 $[B]$ 计算单元刚度矩阵 $[K]^e$, 通过式(2-57)计算得:

$$[K]^e = EA\int_{x_i}^{x_j}[B]^{\mathrm{T}}[B]\mathrm{d}x = EA[B]^{\mathrm{T}}[B](x_j - x_i) = \begin{bmatrix} k_{ii} & k_{ij} \\ k_{ji} & k_{jj} \end{bmatrix} \qquad (2\text{-}59)$$

式中,

$$k_{ii} = k_{jj} = \frac{EA}{x_j - x_i}\,,\ k_{ij} = k_{ji} = \frac{-EA}{x_j - x_i} \qquad (2\text{-}60)$$

2.3.3 节点位移求解方程组

以节点位移为未知量, 利用节点平衡方程建立并求解线性代数方程组。节点对单元的作用力和单元对节点的作用力互为作用力和反作用力。用 p_{ie}、p_{je} 分别表示单元①对其节点 i、j 的节点力, 那么各节点的受力情况如图 2-7 所示。

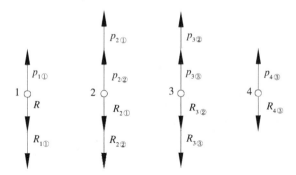

图 2-7　节点与节点载荷示意图

节点与节点作用力的关系为:

$$\begin{cases} p_{1①} = R + R_{1①} = R_1 \\ p_{2①} + p_{2②} = R_{2①} + R_{2②} = R_2 \\ p_{3②} + p_{3③} = R_{3②} + R_{3③} = R_3 \\ p_{4③} = R_{4③} = R_4 \end{cases} \qquad (2\text{-}61)$$

记为:

$$\{R\} = [R_1 \quad R_2 \quad R_3 \quad R_4]^{\mathrm{T}} \qquad (2\text{-}62)$$

式中,$\{R\}$ 为总节点载荷阵列。

将单元刚度矩阵升阶,得:

$$\begin{Bmatrix} p_1 \\ p_2 \\ 0 \\ 0 \end{Bmatrix}^{①} = \begin{bmatrix} k_{11} & k_{12} & 0 & 0 \\ k_{21} & k_{22} & 0 & 0 \\ 0 & 0 & 0 & 0 \\ 0 & 0 & 0 & 0 \end{bmatrix}^{①} \begin{Bmatrix} u_1 \\ u_2 \\ u_3 \\ u_4 \end{Bmatrix}$$

$$\begin{Bmatrix} 0 \\ p_2 \\ p_3 \\ 0 \end{Bmatrix}^{②} = \begin{bmatrix} 0 & 0 & 0 & 0 \\ 0 & k_{22} & k_{23} & 0 \\ 0 & k_{32} & k_{33} & 0 \\ 0 & 0 & 0 & 0 \end{bmatrix}^{②} \begin{Bmatrix} u_1 \\ u_2 \\ u_3 \\ u_4 \end{Bmatrix} \tag{2-63}$$

$$\begin{Bmatrix} 0 \\ 0 \\ p_3 \\ p_4 \end{Bmatrix}^{③} = \begin{bmatrix} 0 & 0 & 0 & 0 \\ 0 & 0 & 0 & 0 \\ 0 & 0 & k_{33} & k_{34} \\ 0 & 0 & k_{43} & k_{44} \end{bmatrix}^{③} \begin{Bmatrix} u_1 \\ u_2 \\ u_3 \\ u_4 \end{Bmatrix}$$

将升阶之后的单元刚度矩阵代入式(2-61),得:

$$\begin{bmatrix} k_{11}^{①} & k_{12}^{①} & 0 & 0 \\ k_{21}^{①} & k_{22}^{①}+k_{22}^{②} & k_{23}^{②} & 0 \\ 0 & k_{32}^{②} & k_{33}^{②}+k_{33}^{③} & k_{11}^{③} \\ 0 & 0 & k_{43}^{③} & k_{44}^{③} \end{bmatrix} \begin{Bmatrix} u_1 \\ u_2 \\ u_3 \\ u_4 \end{Bmatrix} = \begin{Bmatrix} R_1 \\ R_2 \\ R_3 \\ R_4 \end{Bmatrix} \tag{2-64}$$

记为:

$$[K] = \begin{bmatrix} k_{11}^{①} & k_{12}^{①} & 0 & 0 \\ k_{21}^{①} & k_{22}^{①}+k_{22}^{②} & k_{23}^{②} & 0 \\ 0 & k_{32}^{②} & k_{33}^{②}+k_{33}^{③} & k_{11}^{③} \\ 0 & 0 & k_{43}^{③} & k_{44}^{③} \end{bmatrix} \tag{2-65}$$

$$\{\varDelta\} = [u_1 \quad u_2 \quad u_3 \quad u_4]^{\mathrm{T}}, \quad \{R\} = [R_1 \quad R_2 \quad R_3 \quad R_4]^{\mathrm{T}} \tag{2-66}$$

经计算得:

$$[K]\{\varDelta\} = \{R\} \tag{2-67}$$

式中,$[K]$为总刚度矩阵,它反映总节点位移与总节点载荷之间的关系,$\{\Delta\}$为总节点位移阵列,$\{R\}$为总节点载荷阵列。

根据各个单元刚度矩阵可以计算总刚度矩阵,每个单元的长度是$L/3$,则:

$$\begin{cases} k_{11} = k_{22} = k_{33} = k_{44} = \dfrac{3EA}{L} \\ k_{12} = k_{21} = k_{23} = k_{32} = k_{34} = k_{43} = -\dfrac{3EA}{L} \end{cases} \qquad (2-68)$$

将式(2-39)和式(2-68)代入式(2-67),得:

$$\frac{3EA}{L} \begin{bmatrix} 1 & -1 & 0 & 0 \\ -1 & 2 & -1 & 0 \\ 0 & -1 & 2 & -1 \\ 0 & 0 & -1 & 1 \end{bmatrix} \begin{Bmatrix} u_1 \\ u_2 \\ u_3 \\ u_4 \end{Bmatrix} = \frac{qL}{6} \begin{Bmatrix} -5 \\ 2 \\ 2 \\ 1 \end{Bmatrix} \qquad (2-69)$$

式(2-69)是一个线性方程组,但是其不能直接求解,因为系数矩阵是一个奇异矩阵,且行列式值为 0。可以利用$u_1 = 0$求解:

$$\frac{3EA}{L} \begin{bmatrix} -1 & 2 & -1 & 0 \\ 0 & -1 & 2 & -1 \\ 0 & 0 & -1 & 1 \end{bmatrix} \begin{Bmatrix} u_2 \\ u_3 \\ u_4 \end{Bmatrix} = \frac{qL}{6} \begin{Bmatrix} 2 \\ 2 \\ 1 \end{Bmatrix} \qquad (2-70)$$

式(2-70)是一个可以进行求解的线性方程组。

2.3.4　求解节点位移

由线性方程组求解得到节点位移:

$$\begin{Bmatrix} u_2 \\ u_3 \\ u_4 \end{Bmatrix} = \frac{qL^2}{18EA} \begin{Bmatrix} 5 \\ 8 \\ 9 \end{Bmatrix} \qquad (2-71)$$

式(2-71)为利用有限元法求解的结果。

第 3 章　边界元法理论基础

边界元法是对边界积分方程离散求解的现代数值分析方法,是近似解法之一。目前边界元法的商业应用软件不如有限元法成熟,但是其建立在更加严密的数学基础上,且更注重数值分析技术的运用,编制的高质量计算软件最终将获得更加精确的解。

3.1　边界元法基本理论

3.1.1　基本概念

(1)方程的归化

由于边界积分方程是从定解问题的控制方程转化得到的,因此边界积分方程和定解问题的控制方程是等价的,它们的解也是相等的。

当无法直接通过积分求解微分方程时,定解问题的微分方程通常采用方程的归化求解法。归化求解法是多种多样的,例如能源原理、余量的合理分配与加权及变分原理等。方程的归化也是边界元法的基本原理之一。

图 3-1 是静不定简支梁的示意图,静不定简支梁的挠度方程是一个一维二阶微分方程,如式(3-1)所示。

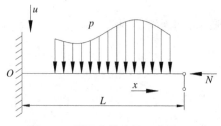

图 3-1　静不定简支梁示意图

$$\frac{\mathrm{d}^2 u}{\mathrm{d}x^2} + \lambda^2 u - b = 0, \ x \in [0,1] \tag{3-1}$$

式中，u 是方程的基本函数，λ^2 是已知正定数，b 是关于 x 的已知函数，通过求解方程可得 u。

下面采用内积公式进行归化，选取在给定区间 $[0,1]$ 上连续可导的任一函数 ω，ω 与式(3-1)的内积为：

$$\int_0^1 \left(\frac{\mathrm{d}^2 u}{\mathrm{d}x^2} + \lambda^2 u - b \right) \omega \mathrm{d}x = 0 \tag{3-2}$$

对 u 的二阶导数积分项进行分部积分，得：

$$\int_0^1 \left[-\frac{\mathrm{d}u}{\mathrm{d}x} \frac{\mathrm{d}\omega}{\mathrm{d}x} + (\lambda^2 u - b)\omega \right] \mathrm{d}x + \left(\frac{\mathrm{d}u}{\mathrm{d}x}\omega \right)_0^1 = 0 \tag{3-3}$$

对 u 的一阶导数积分项进行分部积分，得：

$$\int_0^1 \left[u \frac{\mathrm{d}^2\omega}{\mathrm{d}x^2} + (\lambda^2 u - b)\omega \right] \mathrm{d}x + \left(\frac{\mathrm{d}u}{\mathrm{d}x}\omega \right)_0^1 - \left(\frac{\mathrm{d}\omega}{\mathrm{d}x}u \right)_0^1 = 0 \tag{3-4}$$

根据式(3-4)推测式(3-1)的边界条件，得：

$$u = \bar{u} \ (x = 0), \ q = \frac{\mathrm{d}u}{\mathrm{d}x} = \bar{q} \ (x = 1) \tag{3-5}$$

式中，q 为 u 的一阶导数，上标一杠线表示其函数值及导数值已知。将式(3-5)代入式(3-4)，得：

$$\int_0^1 \left[u \frac{\mathrm{d}^2\omega}{\mathrm{d}x^2} + (\lambda^2 u - b)\omega \right] \mathrm{d}x + \left[(\bar{q}\omega)_{x=1} - (q\omega)_{x=0} \right]$$
$$- \left[\left(u \frac{\mathrm{d}\omega}{\mathrm{d}x} \right)_{x=1} - \left(\bar{u} \frac{\mathrm{d}\omega}{\mathrm{d}x} \right)_{x=0} \right] = 0 \tag{3-6}$$

对式(3-6)进行逆向转换，对 ω 函数的二阶导数积分项进行一次分部积分，得：

$$\int_0^1 \left[-\frac{\mathrm{d}u}{\mathrm{d}x} \frac{\mathrm{d}\omega}{\mathrm{d}x} + (\lambda^2 u - b)\omega \right] \mathrm{d}x - \left(\frac{\mathrm{d}u}{\mathrm{d}x}\omega \right)_{x=1} + \left(\frac{\mathrm{d}u}{\mathrm{d}x}\omega \right)_{x=0} + (\bar{q}\omega)_{x=1}$$
$$- (q\omega)_{x=0} - \left(u \frac{\mathrm{d}\omega}{\mathrm{d}x} \right)_{x=1} + \left(\bar{u} \frac{\mathrm{d}\omega}{\mathrm{d}x} \right)_{x=0} = 0 \tag{3-7}$$

对式(3-7)中 ω 函数的一阶导数积分项进行分部积分，得：

$$\int_0^1 \left(\frac{\mathrm{d}^2\omega}{\mathrm{d}x^2} + \lambda^2 u - b \right) \omega \mathrm{d}x - \left[(q - \bar{q})\omega \right]_{x=1} - \left[(\bar{u} - u) \frac{\mathrm{d}\omega}{\mathrm{d}x} \right]_{x=0} = 0 \tag{3-8}$$

（2）近似解与误差

对于工程领域的定解问题，当无法得到精确解时，就要想办法得到其近似解。边界元法近似解的误差来源于边界离散和边界元的规范函数。从精选近似解函数入手，定义所求近似解 u 由未知的待定系数 α_j 和线性独立的已知函数 ϕ_j 的列集组成。

$$u = \alpha_1\phi_1 + \alpha_2\phi_2 + \cdots + \alpha_N\phi_N = \sum_{j=1}^{N} \alpha_i\phi_i \qquad (3\text{-}9)$$

式中，α_j 是待定广义系数。

将近似解 u 代入式（3-1）和式（3-5），产生如下误差：

$$\begin{cases} \dfrac{\mathrm{d}^2\omega}{\mathrm{d}x^2} + \lambda^2 u - b \neq 0, \; x \in [0,1] \\[2mm] u - \bar{u} \neq 0, \; x = 0 \\[2mm] q - \bar{q} \neq 0, \; x = 1 \end{cases} \qquad (3\text{-}10)$$

将误差分别定义为余量函数 R、R_1 和 R_2，则误差可以表示为：

$$\begin{cases} R = \dfrac{\mathrm{d}^2\omega}{\mathrm{d}x^2} + \lambda^2 u - b \;(\text{在 } \Omega \text{ 内}) \\[2mm] R_1 = u - \bar{u} \;(\text{在 } \Gamma_1 \text{ 内}) \\[2mm] R_2 = q - \bar{q} \;(\text{在 } \Gamma_2 \text{ 内}) \end{cases}$$

3.1.2 加权余量法

在求解近似解的过程中，根据近似解的类型可以选择不同的解法，常用的解法包括纯域法、边界法和混合法。

纯域法的选择条件为：控制近似解试函数恒等满足全部边界条件，但近似满足域内控制方程，即 $R \neq 0$，$R_1 = 0$，$R_2 = 0$。

边界法的选择条件为：控制近似解试函数恒等满足域内控制方程，但近似满足全部边界条件，即 $R = 0$，$R_1 \neq 0$，$R_2 \neq 0$。

混合法的选择条件为：控制近似解试函数近似满足域内控制方程和边界条件，即 $R \neq 0$，$R_1 \neq 0$，$R_2 \neq 0$。

假设构造的近似解 u 中 ϕ_j 仅恒等满足全部边界条件，由此只产生对应控制方程的余量 R。现在要考虑选择何种权函数 Ψ_j 使余量 R 在任意一点最小，即

$$\int_\Omega R\Psi_j \mathrm{d}\Omega = 0 \text{（在 } \Omega \text{ 内）}, j = 1, 2, \cdots, N \tag{3-12}$$

选择权函数 ω：

$$\omega = \beta_1\Psi_1 + \beta_2\Psi_2 + \cdots + \beta_N\Psi_N = \sum_{j=1}^{N}\beta_j\Psi_j \tag{3-13}$$

式中，β_j 为任意系数，Ψ_j 也是线性独立的已知函数，因此将式（3-12）在全域内写成：

$$\int_\Omega R\omega \mathrm{d}\Omega = 0 \text{（在 } \Omega \text{ 内）} \tag{3-14}$$

在近似解 u 不变的情况下，选用不同的权函数可产生不同的近似解法。确定权函数的方法主要有子域法、Galerkin 法和选点法。

（1）子域法

将全域 Ω 分割成 M 个子域，令每个子域的余量积分为 0，选择最简单的权函数：

$$\Psi_j = \begin{cases} 1, & x \in \Omega_j \\ 0, & x \notin \Omega_j \end{cases} \tag{3-15}$$

式中，Ω_j 表示子域。由式（3-12）得：

$$\int_{\Omega_j} R\mathrm{d}x = 0, j = 1, 2, \cdots, N \tag{3-16}$$

（2）Galerkin 法

选择近似解试函数中的已知函数 ϕ_j 作为权函数的已知函数 Ψ_j，即

$$\phi_j = \Psi_j \tag{3-17}$$

因此可得：

$$\int_\Omega R\phi_j\mathrm{d}\Omega = 0, j = 1, 2, \cdots, N \tag{3-18}$$

若用式（3-13）的定义表示，则：

$$\int_\Omega R\omega\mathrm{d}\Omega = 0 \tag{3-19}$$

式中，$\omega = \beta_1\Psi_1 + \beta_2\Psi_2 + \cdots + \beta_N\Psi_N$。

根据 $\phi_j = \Psi_j$ 的特点可得对称矩阵方程。

（3）选点法

在定义域内取点 x_1，x_2，$\cdots$，x_N，令选点上的余量为 0，采用 Dirac-δ 作为权函数即可实现：

$$\Psi_j = \delta(x - x_j) \, , \, j = 1,2,\cdots,N \tag{3-20}$$

式中，$\delta(x - x_j)$ 称为源函数，x 在 x_j 点上具有无穷大的值，其余量为 0，其域积分值为 1，即

$$\int_\Omega \delta(x - x_j) \, \mathrm{d}\Omega = 1 \, , \, j = 1,2,\cdots,N \tag{3-21}$$

且具有重要的性质：

$$\int_\Omega f(x) \, \delta(x - x_j) \, \mathrm{d}\Omega = f(x_j) \tag{3-22}$$

令 $\omega = \beta_1\delta(x - x_1) + \beta_2\delta(x - x_2) + \cdots + \beta_N\delta(x - x_N) = \sum_{j=1}^{N} \beta_j\delta(x - x_j)$，

则：

$$\int_\Omega R\omega\mathrm{d}\Omega = \int_\Omega \left[\beta_1\delta(x - x_1) + \beta_2\delta(x - x_2) + \cdots + \beta_N\delta(x - x_N) \right]\mathrm{d}\Omega = 0$$

$$\tag{3-23}$$

由于 β_1，β_2，$\cdots$，β_N 具有任意性，因此式（3-23）变换为：

$$\int_\Omega R\delta(x - x_j) \, \mathrm{d}\Omega = 0 \, , \, j = 1,2,\cdots,N \tag{3-24}$$

在选点上的余量函数为 0，即

$$R\big|_{x=x_j} = 0 \, , \, j = 1,2,\cdots,N \tag{3-25}$$

选点的分布原则上是任意的，通常选点数等于近似解试函数中的待定未知数的个数。实际上，选点越是均匀分布，其解的精度就越高。

3.1.3 降阶转换解法

边界元法的积分表达式可用加权余量式及对函数 u 降低所需连续性阶数的分部积分转换加以表达。令关于 x 的已知函数 $b = 0$，则：

$$\nabla^2 u = 0 \, （在 \Omega 内） \tag{3-26}$$

上式可写为：

$$\int_\Omega (\nabla^2 u) \, \omega\mathrm{d}\Omega - \int_\Omega (q - \bar{q}) \, \omega\mathrm{d}\Gamma + \int_\Gamma (u - \bar{u}) \frac{\partial\omega}{\partial\boldsymbol{n}}\mathrm{d}\Gamma = 0 \tag{3-27}$$

或者使用余量函数表示:

$$\int_\Omega R\omega d\Omega - \int_{\Gamma_2} R_2\omega d\Gamma + \int_{\Gamma_1} R_1 \frac{\partial \omega}{\partial \boldsymbol{n}} d\Gamma = 0 \qquad (3-28)$$

式中,$\boldsymbol{n}$ 为边界 Γ 的外法矢。

当 u 的精度满足 Γ_1 的基本边界条件 $u = \bar{u}$,则 $R_1 = 0$,由此得:

$$\int_\Omega R\omega d\Omega = \int_{\Gamma_2} R_2\omega d\Gamma \qquad (3-29)$$

同理可得:

$$\int_\Omega (\nabla^2 u)\, \omega d\Omega = \int_{\Gamma_2} (q - \bar{q})\, \omega d\Gamma \qquad (3-30)$$

对上式左侧的项进行分部积分,得:

$$-\int_\Omega \left(\frac{\partial u}{\partial x_1} \frac{\partial \omega}{\partial x_1} + \frac{\partial u}{\partial x_2} \frac{\partial \omega}{\partial x_2} \right) d\Omega = -\int_{\Gamma_2} \bar{q}\omega d\Gamma - \int_{\Gamma_1} q\omega d\Gamma \qquad (3-31)$$

在定义域内,对加权余量式进行分部积分并引入边界条件,也可以得出式(3-31),即由加权余量式得:

$$\int_\Omega (\nabla^2 u)\, \omega d\Omega = 0 \qquad (3-32)$$

进行分部积分得:

$$-\int_\Omega \left(\frac{\partial u}{\partial x_1} \frac{\partial \omega}{\partial x_1} + \frac{\partial u}{\partial x_2} \frac{\partial \omega}{\partial x_2} \right) d\Omega + \int_\Gamma \frac{\partial u}{\partial \boldsymbol{n}} \omega d\Gamma = 0 \qquad (3-33)$$

在这里,为 $\Gamma(\Gamma_1 + \Gamma_2)$ 引入给定边界条件就归结于式(3-31)。式(3-31)的最后一项通常恒等于 0。因为函数 ω 选择为满足齐次型基本边界条件(在 Γ_1 上 $\omega \equiv 0$),由此获得有限元法基本表达式:

$$-\int_\Omega \left(\frac{\partial u}{\partial x_1} \frac{\partial \omega}{\partial x_1} + \frac{\partial u}{\partial x_2} \frac{\partial \omega}{\partial x_2} \right) d\Omega = \int_{\Gamma_2} \bar{q}\omega d\Gamma \qquad (3-34)$$

将函数 ω 视为虚位移时,式(3-34)表示虚功或虚功率,等式左侧的积分项为内虚功,右侧的积分项为外虚功。式(3-34)已成为 Laplace 定解问题的有限元法出发点,通常称为弱化表达式。弱化的意义在于:

(1)函数 u 的连续性随其导数的降阶而下降(由二阶降为一阶)。

(2)近似满足自然边界条件,这是边值精度下降的原因。

建立边界元法表达式就是对 u 的导函数进行分部积分,这样可以避免 $\bar{q}$ 的复杂推导过程,这一结果进一步弱化了对 u 连续性的必要条件。

对式(3-33)进行分部积分,得:

$$-\int_\Omega \left(\frac{\partial u}{\partial x_1}\frac{\partial \omega}{\partial x_1} + \frac{\partial u}{\partial x_2}\frac{\partial \omega}{\partial x_2} \right)\mathrm{d}\Omega = -\int_{\Gamma_2}\bar{q}\omega\mathrm{d}\Gamma - \int_{\Gamma_1}q\omega\mathrm{d}\Gamma - \int_{\Gamma_1}(u-\bar{u})\frac{\partial \omega}{\partial \boldsymbol{n}}\mathrm{d}\Gamma$$

$$(3-35)$$

对式(3-35)左侧的项进行分部积分,消除左侧域积分项中关于 u 的一阶导数,得:

$$\int_\Omega (\nabla^2\omega)\,u\mathrm{d}\Omega = \int_{\Gamma_2}\bar{q}\omega\mathrm{d}\Gamma - \int_{\Gamma_1}q\omega\mathrm{d}\Gamma - \int_{\Gamma_1}\bar{u}\frac{\partial \omega}{\partial \boldsymbol{n}}\mathrm{d}\Gamma + \int_{\Gamma_2}u\frac{\partial \omega}{\partial \boldsymbol{n}}\mathrm{d}\Gamma \quad (3-36)$$

由此得到 Laplace 方程的边界元法基本表达式。

3.1.4 降维解法

加权余量法分为纯域法、边界法和混合法。边界法是由精选的近似解试函数满足控制方程并消除含有该函数的域积分项而降维建立的。选择的权函数必须满足齐次型控制方程或具有奇异性特殊项的控制方程。在实施两次分部积分过程中,原控制方程中的近似解 u 与权函数 ω 在算子之间互换位置,赋予前者的条件适用于后者。采用以下两种方法选择权函数建立边界法:

(1)选用的权函数 ω 满足齐次型控制方程。

(2)选用的权函数 ω 满足基本解方程。

基本解方程是在定解问题的控制方程中加入特殊函数而建立起来的。该函数就是 Dirac-δ 函数,采用此函数可以消除含有近似解试函数的域积分项。

例如下式:

$$\frac{\mathrm{d}^2 u}{\mathrm{d}x^2} + \lambda^2 u - b(x) = 0 \quad (3-37)$$

用加权余量式表达,则:

$$\int_0^1 \left[u\left(\frac{\mathrm{d}^2\omega}{\mathrm{d}x^2} + \lambda^2\omega \right) - b\omega \right]\mathrm{d}x + \left(\frac{\mathrm{d}u}{\mathrm{d}x}\omega \right)_0^1 - \left(u\frac{\mathrm{d}\omega}{\mathrm{d}x} \right)_0^1 = 0 \quad (3-38)$$

根据第一种方法选用的权函数满足下列方程,但不考虑问题的实际边界条件。

$$\frac{\mathrm{d}^2\omega}{\mathrm{d}x^2} + \lambda^2\omega = 0 \tag{3-39}$$

则式(3-38)可以简化为:

$$-\int_0^1 b\omega\,\mathrm{d}x + \left(\frac{\mathrm{d}u}{\mathrm{d}x}\omega\right)_0^1 - \left(u\frac{\mathrm{d}\omega}{\mathrm{d}x}\right)_0^1 = 0 \tag{3-40}$$

以上方法属于 Treffiz 法。

根据第二种方法选用的权函数满足基本解方程:

$$\frac{\mathrm{d}^2\omega}{\mathrm{d}x^2} + \lambda^2\omega = -\delta_i \tag{3-41}$$

式中,δ_i 是 Dirac-δ 函数,且满足:

$$\int_{x_i-\varepsilon}^{x_i+\varepsilon} \delta_i\,\mathrm{d}x = 1 \tag{3-42}$$

由此得:

$$\int_0^1 \left[u\left(\frac{\mathrm{d}^2\omega}{\mathrm{d}x^2} + \lambda^2\omega\right) \right]\mathrm{d}x = -\int_0^1 u\delta_i\,\mathrm{d}x = -u^i \tag{3-43}$$

式中,u^i 表示 x_i 点的函数 u 值,因此式(3-38)换写为:

$$-u^i - \int_0^1 b\omega\,\mathrm{d}x + \left(\frac{\mathrm{d}u}{\mathrm{d}x}\omega\right)_0^1 - \left(u\frac{\mathrm{d}\omega}{\mathrm{d}x}\right)_0^1 = 0 \tag{3-44}$$

将 x_i 点取在边界上,则该式给出边值之间的对应关系。

边界元法通常采用第二种方法。权函数称为满足基本解方程(3-41)的基本解。应该注意到,该基本解是在不考虑问题的边界条件情况下获得的。

3.2 位势问题

工程问题分为位势问题和结构问题两大类。位势问题包括引力场、温度场、弹性扭转、流体流动、电势与磁势及孔介质渗流等。位势函数是标量,Laplace 方程和 Poisson 方程是其典型的控制方程。位势问题的直接解法出现于 1969 年,该法将边界分割成单元集并令单元上的源密度为常值,用选点法得出矩阵方程,并采用 Simpson 数值积分法计算影响系数。采用解析法或等位势原理的间接法计算奇异单元的影响系数,利用 Green 公式建立边界积分方程。

3.2.1　边界积分方程

在二维和三维的 Ω 域列举 Laplace 的定解问题,如图 3-2 所示。

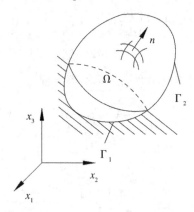

图 3-2　**Laplace 定解问题示意图**

控制方程为:

$$\nabla^2 u = 0 \,(\text{在 } \Omega \text{ 域内}) \tag{3-45}$$

考虑已知混合边界条件:

基本边界条件 $u = \bar{u}$ (在 Γ_1 上)。

自然边界条件 $q = \dfrac{\partial u}{\partial n} = \bar{q}$ (在 Γ_2 上)。

其中,$\boldsymbol{n}$ 为边界 Γ 的外法矢,字母上方一杠线表示该值已知。对于复杂的边界条件,用已知系数 α、β、γ 表示其边界条件:

$$\alpha u + \beta q = \gamma \tag{3-46}$$

加权余量法的原理就是用近似解试函数置换精确的 u 及未知的 q,使它同权函数 u^* 及其在边界上对外法矢的导函数 $q^* = \dfrac{\partial u^*}{\partial \boldsymbol{n}}$ 正交,产生的余量最小。换言之,置换所产生的余量用 R 表示,则:

$$\begin{cases} R = \nabla^2 u \neq 0 \\ R_1 = u - \bar{u} \neq 0 \\ R_2 = q - \bar{q} \neq 0 \end{cases} \tag{3-47}$$

式中,u 和 q 为近似值。

上述全部余量的加权余量公式为：

$$\int_\Omega Ru^* \, \mathrm{d}\Omega = \int_{\Gamma_2} R_2 u^* \, \mathrm{d}\Gamma - \int_{\Gamma_1} R_1 q^* \, \mathrm{d}\Gamma \qquad (3\text{-}48)$$

同理得：

$$\int_\Omega (\nabla^2 u)\, u^* \, \mathrm{d}\Omega = \int_{\Gamma_2} (q - \bar{q})\, u^* \, \mathrm{d}\Gamma - \int_{\Gamma_1} (u - \bar{u})\, q^* \, \mathrm{d}\Gamma \qquad (3\text{-}49)$$

对式(3-49)左侧的域积分项进行分部积分,得：

$$-\int_\Omega \frac{\partial u}{\partial x_k} \frac{\partial u^*}{\partial x_k} \mathrm{d}\Omega = -\int_{\Gamma_2} \bar{q} u^* \, \mathrm{d}\Gamma - \int_{\Gamma_1} q u^* \, \mathrm{d}\Gamma - \int_{\Gamma_1} (u - \bar{u})\, q^* \, \mathrm{d}\Gamma \qquad (3\text{-}50)$$

式中,$k=1,2,3$ 循环角标,遵循爱因斯坦总和约定。对式(3-50)的域积分项进行分部积分,得：

$$\int_\Omega (\nabla^2 u^*)\, u \mathrm{d}\Omega = -\int_{\Gamma_2} \bar{q} u^* \, \mathrm{d}\Gamma - \int_{\Gamma_1} q u^* \, \mathrm{d}\Gamma + \int_{\Gamma_2} u q^* \, \mathrm{d}\Gamma + \int_{\Gamma_1} \bar{u} q^* \, \mathrm{d}\Gamma \qquad (3\text{-}51)$$

式(3-51)是建立边界元法的起点,即 Green 公式。当权函数选择为基本解,可将式(3-51)转换为边界积分方程。

(1)基本解

基本解就是满足下列基本解方程的特解：

$$\nabla^2 u + \delta_i = 0 \qquad (3\text{-}52)$$

基本解表示作用于满足 Laplace 方程的单位集中电荷(引力)所生成的场。该电荷的影响从 i 点到无穷远处,不考虑任何边界条件。式中 δ_i 为 Dirac-δ 函数,在 $x = x^i$ 点为无穷大,除此之外皆为 0,在全域内的积分等于 1。根据 Dirac-δ 函数的性质有：

$$\int_\Omega u(\nabla^2 u^*)\, \mathrm{d}\Omega = -\int_\Omega u \delta_i \mathrm{d}\Omega = -u^i \qquad (3\text{-}53)$$

因此,可得积分方程：

$$u^i + \int_{\Gamma_1} \bar{u} q^* \, \mathrm{d}\Gamma + \int_{\Gamma_2} u q^* \, \mathrm{d}\Gamma = \int_{\Gamma_1} q u^* \, \mathrm{d}\Gamma + \int_{\Gamma_2} \bar{q} u^* \, \mathrm{d}\Gamma \qquad (3\text{-}54)$$

式(3-54)意味着域内任意一点 i 的位势 u^i 和边界上的所有位势 u 及位势梯度 q 存在一一对应关系,如图 3-3 所示。u^* 及 q^* 表示单位集中电荷对边界的影响。由此可见,i 点位置发生改变会得到对应的另一个积分方程。

对于三维问题,式(3-52)的基本解为:

$$u^* = \frac{1}{4\pi r} \qquad (3-55)$$

对于二维问题,式(3-52)的基本解为:

$$u^* = \frac{1}{2\pi r}\ln\frac{1}{r} \qquad (3-56)$$

式中,r 为 Dirac-δ 函数作用点 x_i(又称源点 i)至观测点之间的距离函数。

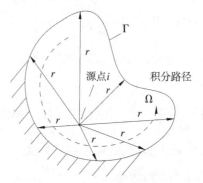

图 3-3　内点位势与边界积分项的关系

上述基本解在源点外的任意一点满足 Laplace 方程,在源点则满足 $\int_\Gamma \left(\frac{\partial u^*}{\partial r}\right)\mathrm{d}\Gamma = -1$ 的条件。考虑到 Dirac$-\delta$ 函数只有两个不同值,只需证明 $\delta_i = \infty, r = 0$ 的情形即可。为了证明简便,引入极坐标系表示的 Laplace 方程。考虑到基本解的各向同性(不计方向性),只用一个 r 自变量,给出下式:

$$\nabla^2 u^* \rightarrow \frac{1}{r^2}\frac{\mathrm{d}}{\mathrm{d}r}\left(r^2 \frac{\mathrm{d}u^*}{\mathrm{d}r}\right) = -\delta_i \qquad (3-57)$$

因为基本解在源点 i 发生奇异(发散)而不能直接代入方程,所以以源点 i 为球心作半径为 ε(无穷小)的微小球,由 Green 公式等价的球表面边界积分求逼近 $\varepsilon \rightarrow 0$ 的域积分。由 Green 公式得:

$$\int_{\Omega_\varepsilon} (\nabla^2 u^*)\,\mathrm{d}\Omega = \int_{\Gamma_\varepsilon} \frac{\mathrm{d}u^*}{\mathrm{d}\boldsymbol{n}}\mathrm{d}\Gamma = \int_{\Gamma_\varepsilon} \frac{\mathrm{d}u^*}{\mathrm{d}r}\mathrm{d}\Gamma \qquad (3-58)$$

式中,$\frac{\mathrm{d}r}{\mathrm{d}\boldsymbol{n}} = 1$。

对于三维问题：

$$\lim_{\varepsilon \to 0} \int_{\Gamma_\varepsilon} \frac{\mathrm{d}u^*}{\mathrm{d}r} \mathrm{d}\Gamma = \lim_{\varepsilon \to 0} \int_{\Gamma_\varepsilon} \frac{\mathrm{d}}{\mathrm{d}r}\left(\frac{1}{4\pi r}\right)\mathrm{d}\Gamma = \lim_{\varepsilon \to 0}\left(\frac{-1}{4\pi\varepsilon^2}\int_{\Gamma_\varepsilon}\mathrm{d}r\right) = \lim_{\varepsilon \to 0}\left(-\frac{4\pi\varepsilon^2}{4\pi\varepsilon^2}\right) = -1$$

$$(3\text{-}59)$$

对于二维问题：

$$\lim_{\varepsilon \to 0} \int_{\Gamma_\varepsilon} \frac{\mathrm{d}}{\mathrm{d}r}\left(2\pi\ln\frac{1}{r}\right) = \lim_{\varepsilon \to 0}\left(-\frac{1}{2\pi\varepsilon}\int_{\Gamma_\varepsilon}\mathrm{d}\Gamma\right) = -1 \qquad (3\text{-}60)$$

由基本解方程的积分得：

$$\int_{\Omega} \nabla^2 u^* \mathrm{d}\Omega = -\int_{\Omega}\delta_i\mathrm{d}\Omega = -1 \qquad (3\text{-}61)$$

（2）边界积分方程

公式（3-54）是与域内点位势有关的积分方程，而进一步将域内点移至边界上获得的方程才是边界积分方程。当源点 i 被移至边界 Γ 上时，在积分项中必然会出现因观测点和源点重合使距离 $r=0$ 出现的奇异现象。因此，还需考察式（3-54）的行为，证明可以建立边界积分方程。下面用极限分析法考察式（3-54）。如图 3-4 所示，以位于光滑边界 Γ 上的源点 i 为球心，构造半径为 ε 的微小凸半球。此时，源点 i 埋入于域内，式（3-54）仍可使用。因为在积分项中出现的基本解 u^* 及其导数 $\frac{\partial u^*}{\partial \boldsymbol{n}}$ 各表示不同的行为，故分为两种边界积分加以考察。

由式（3-54）出发：

$$u^i + \int_{\Gamma} q^* u \mathrm{d}\Gamma = \int_{\Gamma} u^* q \mathrm{d}\Gamma \qquad (3\text{-}62)$$

式中，为推导方便，在积分项中将 u^* 及 q^* 调至前面，不失本质。$\Gamma = \Gamma_1 + \Gamma_2$，不考虑具体的已知边界条件。

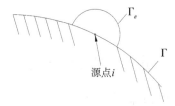

（a）三维场合（附加半球）　　　　　（b）二维场合（附加半圆）

图 3-4　边界源点极限分析

式(3-62)右侧的边界积分项可分成 $\Gamma - \Gamma_\varepsilon$ 和 Γ_ε 两项。其中,对 Γ_ε 进行极限分析,得:

$$\lim_{\varepsilon\to 0}\int_{\Gamma_\varepsilon} u^* q\mathrm{d}\Gamma = \lim_{\varepsilon\to 0}\left(\frac{q^i}{4\pi\varepsilon}\int_{\Gamma_\varepsilon}\mathrm{d}\Gamma\right) = \lim_{\varepsilon\to 0}\left(q^i\frac{4\pi\varepsilon^2}{4\pi\varepsilon}\int_{\Gamma_\varepsilon}\mathrm{d}\Gamma\right) = 0 \qquad (3-63)$$

同样,对式(3-62)左侧的边界积分项进行极限分析,得:

$$\lim_{\varepsilon\to 0}\int_{\Gamma_\varepsilon} q^* u\mathrm{d}\Gamma = \lim_{\varepsilon\to 0}\left(-\frac{u}{4\pi\varepsilon^2}\int_{\Gamma_\varepsilon}\mathrm{d}\Gamma\right) = \lim_{\varepsilon\to 0}\left(-u^i\frac{2\pi\varepsilon^2}{4\pi\varepsilon^2}\right) = -\frac{u^i}{2} \qquad (3-64)$$

对于二维问题,同样有:

$$\lim_{\varepsilon\to 0}\int_{\Gamma_\varepsilon} q^* u\mathrm{d}\Gamma = \lim_{\varepsilon\to 0}\left(-u\frac{1}{2\pi\varepsilon}\int_{\Gamma_\varepsilon}\mathrm{d}\Gamma\right) = \lim_{\varepsilon\to 0}\left(-u^i\frac{\pi\varepsilon}{2\pi\varepsilon}\right) = -\frac{u^i}{2} \qquad (3-65)$$

根据式(3-63)至式(3-65)中的极限值 0 或 $-\frac{u^i}{2}$,得边界积分方程:

$$-\frac{u^i}{2} + \int_\Gamma q^* u\mathrm{d}\Gamma = \int_\Gamma u^* q\mathrm{d}\Gamma \qquad (3-66)$$

但是,上述边界积分是默然的 Gauchy 主值。各项之间的关系如图 3-5 所示。

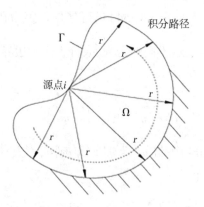

图 3-5　边界积分项间的关系

3.2.2　边界元法及常单元

(1)边界元法

用边界元法对式(3-66)直接求解 u 和 q 是不可能的,所以考虑用与有限元法相同的离散解法,将边界积分方程转换为代数方程组(矩阵方程)。为简明起见,以二维问题为例。假定将其边界分割成 N 个线段,如图 3-6 所示。其中,常单元如图 3-6(a)所示,取单元中点为节点作为 u 及 q 所在的点,设其值在单元内是常量。

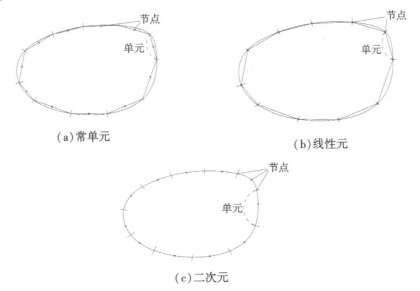

(a)常单元 　　　　　　　　　　　　　　　(b)线性元

(c)二次元

图 3-6　各种边界元

此时,式(3-62)的边界积分项改写为单元积分之和:

$$-\frac{u^i}{2} + \sum_{j=1}^{N} \int_{\Gamma_j} q^* u \mathrm{d}\Gamma = \sum_{j=1}^{N} \int_{\Gamma_j} u^* q \mathrm{d}\Gamma \tag{3-67}$$

由于 u 和 q 在常单元内是常量,可提到积分号外,令 j 单元边值为 u^j 和 q^j,则:

$$-\frac{u^i}{2} + \sum_{j=1}^{N} \left(\int_{\Gamma_j} q^* \mathrm{d}\Gamma \right) u^j = \sum_{j=1}^{N} \left(\int_{\Gamma_j} u^* \mathrm{d}\Gamma \right) q^j \tag{3-68}$$

式中,令实施积分的两个项为影响系数:

$$\hat{H}_{ij} = \int_{\Gamma_j} q^* \mathrm{d}\Gamma, \quad G_{ij} = \int_{\Gamma_j} u^* \mathrm{d}\Gamma \tag{3-69}$$

它将观测点 j(边值 u^j 或 q^j 所在点)和源点(选点) i 通过基本解联系在一起,由此得:

$$-\frac{u^i}{2} + \sum_{j=1}^{N} \hat{H}_{ij} u^j = \sum_{j=1}^{N} G_{ij} q^j \tag{3-70}$$

考虑到在边界上源点 i 的选择是任意的,如果取 1 至 N 个单元皆为源点,那

么可得与单元数相等的矩阵方程,并令:

$$H_{ij} = \begin{cases} \hat{H}_{ij}, & j \neq i \\ \hat{H}_{ij} + \dfrac{1}{2}, & j = i \end{cases} \tag{3-71}$$

所以,式(3-70)简写为:

$$\sum_{j=1}^{N} H_{ij} u^j = \sum_{j=1}^{N} G_{ij} q^j \tag{3-72}$$

取 1 至 N 个单元皆为源点,则得 N 个方程:

$$\sum_{j=1}^{N} H_{ij} u^j = \sum_{j=1}^{N} G_{ij} q^j, \quad i = 1, 2, \cdots, N \tag{3-73}$$

用矩阵形式可以表示为:

$$\boldsymbol{HU} = \boldsymbol{GQ} \tag{3-74}$$

式中,$\boldsymbol{H}$ 和 $\boldsymbol{G}$ 是具有 $N \times N$ 秩的矩阵,$\boldsymbol{U}$ 和 $\boldsymbol{Q}$ 是具有 N 个元素的一维数组。

总之,利用边界元法的离散与选点技术将边界积分方程转换成代数方程组(矩阵方程),如图 3-7 所示。

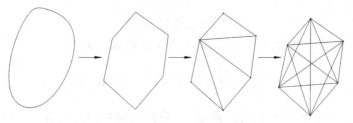

(a)连续体   (b)边界离散   (c)代数方程   (d)矩阵方程

图 3-7 边界元法示意图

在 Γ_1 和 Γ_2 上,已知值 $\bar{u}$ 和 $\bar{q}$ 分别为 N_1 和 N_2 个,所以矩阵方程(3-74)只有 $N = N_1 + N_2$ 个未知值(u 和 q)。将已知边值及其对应的影响系数移至等号的右侧,未知边值及其影响系数移至等号的左侧,可以得到典型的矩阵方程:

$$\boldsymbol{AX} = \boldsymbol{F} \tag{3-75}$$

式中,$\boldsymbol{X}$ 为未知值 u 和 q 组成的一维数组,$\boldsymbol{A}$ 为系数矩阵,$\boldsymbol{F}$ 为已知值 $\bar{u}$ 及 $\bar{q}$ 与它们对应的影响系数相乘的一维数组。边界元法的优点之一是,在一维数组中未知位势及其导数混合在一起。这在有限元法中是见不到的。

求解矩阵方程(3-75),就可确定全部未知边值,进而再求域内任意一点的 u 值和 q 值。域内点的 u 值通过式(3-54)计算,即

$$u^i = \int_\Gamma u^* q \mathrm{d}\Gamma - \int_\Gamma q^* u \mathrm{d}\Gamma \qquad (3\text{-}76)$$

在这里,基本解将内点和已知边值所在的观测点联系在一起。如前所述,采用离散法:

$$u^i = \sum_{j=1}^N G_{ij} q^j - \sum_{j=1}^N \hat{H}_{ij} u^j \qquad (3\text{-}77)$$

式中,影响系数 G_{ij} 和 $\hat{H}_{ij}$ 随内点 i 的位置变化重新计算。

x_1 和 x_2 两个方向的内点位势梯度分别为 $q_{x_1} = \dfrac{\partial u}{\partial x_1}$ 和 $q_{x_2} = \dfrac{\partial u}{\partial x_2}$,对式(3-76)求导,得:

$$\begin{cases} q_{x_1}^i = \left(\dfrac{\partial u}{\partial x_1} \right)^i = \displaystyle\int_\Gamma \left(\dfrac{\partial u^*}{\partial x_1} \right)^i q \mathrm{d}\Gamma - \int_\Gamma \left(\dfrac{\partial q^*}{\partial x_1} \right)^i u \mathrm{d}\Gamma \\[4mm] q_{x_2}^i = \left(\dfrac{\partial u}{\partial x_2} \right)^i = \displaystyle\int_\Gamma \left(\dfrac{\partial u^*}{\partial x_2} \right)^i q \mathrm{d}\Gamma - \int_\Gamma \left(\dfrac{\partial q^*}{\partial x_2} \right)^i u \mathrm{d}\Gamma \end{cases} \qquad (3\text{-}78)$$

应该注意到,因为式(3-78)中的位势梯度值是对域内点 i 的坐标求导而得,所以在边界积分项的函数中只对 i 点坐标有关的 u^* 及 q^* 求导。对边界积分项离散,得:

$$q_{x_1}^i = \left(\dfrac{\partial u}{\partial x_1} \right)^i = \sum_{j=1}^N \left[\int_{\Gamma_j} \left(\dfrac{\partial u^*}{\partial x_1} \right)^i \mathrm{d}\Gamma \right] q^j - \sum_{j=1}^N \left[\int_{\Gamma_j} \left(\dfrac{\partial q^*}{\partial x_1} \right)^i \mathrm{d}\Gamma \right] u^j \qquad (3\text{-}79)$$

在边界积分项中,积分核函数为:

$$\left(\dfrac{\partial u^*}{\partial x_k} \right)^i = \dfrac{1}{2\pi} \dfrac{\partial}{\partial x_k} (-\ln r) = \dfrac{1}{2\pi r} r_{,k} \qquad (3\text{-}80)$$

$$\begin{cases} \left(\dfrac{\partial q^*}{\partial x_1} \right)^i = \dfrac{1}{2\pi} \dfrac{\partial}{\partial x_1} \left[-\dfrac{1}{r} (r_{,1} n_1 + r_{,2} n_2) \right] = -\dfrac{1}{2\pi r^2} \left[(2 r_{,1}^2 - 1) n_1 + 2 r_{,1} r_{,2} n_2 \right] \\[4mm] \left(\dfrac{\partial q^*}{\partial x_2} \right)^i = -\dfrac{1}{2\pi r^2} \left[(2 r_{,2}^2 - 1) n_2 + 2 r_{,1} r_{,2} n_1 \right] \end{cases}$$
$$(3\text{-}81)$$

式中, $r_{,k}$ 表示边界上积分点的导函数,即:

$$\left(\dfrac{\partial r}{\partial x_k} \right)^i = -r_{,k} \qquad (3\text{-}82)$$

n_1 和 n_2 为单位外法矢的分量。式(3-81)的积分通常用 Gauss 数值积分公式计算。

(2)奇异单元的积分

影响系数 G_{ij} 和 $\hat{H}_{ij}$ 的积分,在 $i \neq j$ 时用数值积分公式(如 Gauss 数值积分公式)计算。但当 $i = j$ 时,影响系数 G_{ii} 和 $\hat{H}_{ii}$ 由于基本解存在奇异性,所以积分计算精度较差。它们因占据系数矩阵的对角位置而对解的精度具有决定性影响,所以必须对它们精确计算。对于该积分可采用高次积分公式或特殊公式(如对数 Gauss 积分公式或其他变换法)计算。

对于常单元场合,可采用精确积分计算,即

$$\hat{H}_{ii} = \int_{\Gamma_i} q^* \, \mathrm{d}\Gamma = \int_{\Gamma_i} \frac{\partial u^*}{\partial r} \frac{\partial r}{\partial \boldsymbol{n}} \mathrm{d}\Gamma = 0 \tag{3-83}$$

因为外法矢与距离函数在源点所在单元相互垂直,所以对 G_{ii} 的积分进行特殊处理,即

$$G_{ii} = \int_{\Gamma_i} u^* \, \mathrm{d}\Gamma = \frac{1}{2\pi} \int_{\Gamma_i} \ln\left(\frac{1}{r}\right) \mathrm{d}\Gamma \tag{3-84}$$

为了方便积分,在单元内引入局部坐标 ξ 进行坐标变换,如图 3-8 所示,得:

$$r = \left| \xi \frac{l}{2} \right| \tag{3-85}$$

式中,l 为单元长度。

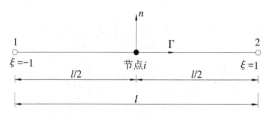

图 3-8   单元局部坐标系

考虑到单元中点两侧的对称性,将式(3-84)换写为:

$$G_{ii} = \frac{1}{2\pi} \int_{\text{Point1}}^{\text{Point2}} \ln\left(\frac{1}{r}\right) \mathrm{d}\Gamma = \frac{1}{2\pi} \int_{\text{Node}i}^{\text{Point2}} \ln\left(\frac{1}{r}\right) \mathrm{d}\Gamma = \frac{1}{\pi} \frac{l}{2} \int_0^1 \ln\left(\frac{1}{\xi l/2}\right) \mathrm{d}\Gamma$$

$$= \frac{1}{\pi} \frac{l}{2} \left[\ln\left(\frac{1}{l/2}\right) + \int_0^1 \ln\left(\frac{1}{\xi}\right) \mathrm{d}\xi \right] \tag{3-86}$$

因为最后积分项等于 1,所以得:

$$G_{ii} = \frac{1}{\pi} \frac{l}{2} \left[\ln\left(\frac{1}{l/2}\right) + 1 \right] \tag{3-87}$$

对于高次元等复杂场合,可采用加权积分公式计算。

3.2.3　线性元

(1)线性元离散矩阵方程

线性元定义和角点处理如图 3-9 所示,当代表边值的两个节点位于单元的两个端点上,且规定其上的 u 和 q 呈线性分布,利用前文所述的离散方法建立边界元求解方程。

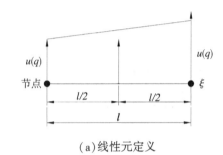

(a)线性元定义

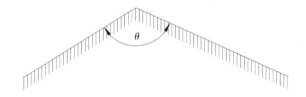

(b)相邻两个线性元

图 3-9　线性元定义和角点处理示意图

考虑给定的边界为非光滑的,边界积分方程为:

$$c^i u^i + \int_\Gamma q^* u \mathrm{d}\Gamma = \int_\Gamma u^* q \mathrm{d}\Gamma \tag{3-88}$$

用 c^i 代替光滑边界的 u^i 系数 1/2,并可证明:

$$c^i = \frac{\theta}{2\pi} \tag{3-89}$$

式中,θ 为边界折角处的内角,用 rad(弧度)表示。它可以通过对以角点为圆心构造的微小圆弧求极限而得,也可用等位势原理间接确定。

将整个边界分割成 N 个线性元,则式(3-88)可以改写为:

$$c^i u^i + \sum_{j=1}^{N} \int_{\Gamma_j} q^* u \mathrm{d}\Gamma = \sum_{j=1}^{N} \int_{\Gamma_j} u^* q \mathrm{d}\Gamma \qquad (3-90)$$

因为在单元上的 u 和 q 呈线性分布,所以不可能再像常单元那样将 u 和 q 直接与积分号分离开。

线性元法用两个节点值和对应的内插函数 ϕ_1、ϕ_2 定义 u 和 q 在单元内的线性分布。内插函数用无量纲局部坐标表示:

$$\begin{cases} u(\xi) = \phi_1 u^{①} + \phi_2 u^{②} = (\phi_1 \quad \phi_2) \begin{bmatrix} u^{①} \\ u^{②} \end{bmatrix} \\ q(\xi) = \phi_1 q^{①} + \phi_2 q^{②} = (\phi_1 \quad \phi_2) \begin{bmatrix} q^{①} \\ q^{②} \end{bmatrix} \end{cases} \qquad (3-91)$$

式中,ξ 为由 -1 到 1 变化的量纲为 1 的坐标。两个内插函数为:

$$\phi_1 = \frac{1}{2}(1-\xi) \ , \ \phi_2 = \frac{1}{2}(1+\xi) \qquad (3-92)$$

考虑 J 单元,等式左侧的边界积分项为:

$$\begin{cases} \int_{\Gamma_j} q^* u \mathrm{d}\Gamma = \int_{\Gamma_j} q^* (\phi_1 \quad \phi_2) \mathrm{d}\Gamma \begin{bmatrix} u^{①} \\ u^{②} \end{bmatrix} = (h_{ij}^{①} \quad h_{ij}^{②}) \begin{bmatrix} u^{①} \\ u^{②} \end{bmatrix} \\ h_{ij}^{①} = \int_{\Gamma_j} q^* \phi_1 \mathrm{d}\Gamma \\ h_{ij}^{②} = \int_{\Gamma_j} q^* \phi_2 \mathrm{d}\Gamma \end{cases} \qquad (3-93)$$

同样,等式右侧的边界积分项为:

$$\begin{cases} \int_{\Gamma_j} u^* q \mathrm{d}\Gamma = \int_{\Gamma_j} u^* (\phi_1 \quad \phi_2) \mathrm{d}\Gamma \begin{bmatrix} q^{①} \\ q^{②} \end{bmatrix} = (g_{ij}^{①} \quad g_{ij}^{②}) \begin{bmatrix} q^{①} \\ q^{②} \end{bmatrix} \\ g_{ij}^{①} = \int_{\Gamma_j} u^* \phi_1 \mathrm{d}\Gamma \\ g_{ij}^{②} = \int_{\Gamma_j} u^* \phi_2 \mathrm{d}\Gamma \end{cases} \qquad (3-94)$$

(2)角点处理

用线性元分割边界时,要特别慎重处理两侧边界条件不相同的角点问题。

第 J 线性元的第 2 节点成为第 $J+1$ 线性元的第 1 节点。在角点上位势值只有一个,但位势梯度值却不是唯一的。因为外法矢在角点并不确定,所以位势梯度是多值的。即使在光滑边界上,有时给定的位势梯度值也可能因间断而突变。

考虑到两个相邻线性单元的连接点上具有两个不同的位势梯度值,选用 $2N$ 个一维数组。将有关 J 单元的公式(3-93)和公式(3-94)代入公式(3-90)中,可得有关节点(选点)的代数方程:

$$c^i u^i + \begin{pmatrix} \hat{H}_{i1} & \hat{H}_{i2} & \cdots & \hat{H}_{iN} \end{pmatrix} \begin{bmatrix} u^1 \\ u^2 \\ \vdots \\ u^N \end{bmatrix} = \begin{pmatrix} G_{i1} & G_{i2} & \cdots & G_{i2N} \end{pmatrix} \begin{bmatrix} q^1 \\ q^2 \\ \vdots \\ q^{2N} \end{bmatrix} \quad (3-95)$$

式中, $\hat{H}_{ij}$ 为 J 单元的 $h_{ij}^{①}$ 和 $J-1$ 单元的 $h_{ij-1}^{②}$ 之和。式(3-95)就表示选点 i 所建立的方程,由此可得简明的线性元代数方程:

$$c^i u^i + \sum_{j=1}^{N} \hat{H}_{ij} u^j = \sum_{j=1}^{2N} G_{ij} q^j \quad (3-96)$$

用前述方法改写式(3-96),得:

$$\sum_{j=1}^{N} H_{ij} u^j = \sum_{j=1}^{2N} G_{ij} q^j, \ i = 1,2,\cdots,N \quad (3-97)$$

用矩阵表示为:

$$\boldsymbol{HU} = \boldsymbol{GQ} \quad (3-98)$$

式中, $\boldsymbol{G}$ 是 $N \times 2N$ 的非方矩阵。

在边界上,节点的 u 和 q 可能存在以下情况:

①节点位于光滑边界。位势梯度值 q 在节点的前后侧,除了给定不同值外取同一值。因此,该节点的未知量为 u 或 q 中的一个。

②节点位于角点,可有如下四种情况:

A. 已知量:角点前后的位势梯度值。

　　未知量:位势值。

B. 已知量:位势和角点前侧的位势梯度值。

　　未知量:角点后侧的位势梯度值。

C. 已知量:位势和角点后侧的位势梯度值。

未知量:角点前侧的位势梯度值。

D. 已知量:位势值。

未知量:角点前后侧的位势梯度值。

对于前三种情况,每个节点只存在一个未知量。此时,将矩阵方程(3-98)整理成 $N×N$ 的典型矩阵方程:

$$AX = F \qquad (3-99)$$

式中,X 为由 N 个未知 u 和 q 组成的一维数组,A 为 $N×N$ 的系数矩阵,F 是已知边界条件与其对应 H 和 G 系数相乘而得的一维数组。

3.3 弹性问题的边界积分方程

弹性力学是固体力学的基础。继位势问题的边界元法之后,Pizzo 于 1967 年建立了弹性问题的边界元法。其主要内容为将基本的积分方程(Somigliana 公式)用于边界点上,并采用常单元离散法求解弹性问题,进而推广至动态弹性问题和塑性问题领域。

3.3.1 弹性问题的控制方程

限于微小形变且在形变前后不计物体方向的变化,应变和位移的关系是线性的。因此,可以从形变前的物体形状建立控制方程。

在固体力学中,必须研究力和形变,即物体的应力状态和应变状态。两者的关系由材料力学性质所决定的本构方程建立。

(1)应力状态

用应力分量定义一点的应力状态,如图 3-10 所示。应力张量由九个不同的分量组成:

$$\begin{bmatrix} \sigma_{11} & \sigma_{12} & \sigma_{13} \\ \sigma_{21} & \sigma_{22} & \sigma_{23} \\ \sigma_{31} & \sigma_{32} & \sigma_{33} \end{bmatrix} \qquad (3-100)$$

这些分量不是各自独立的,根据力矩平衡和力平衡可得:

$$\sigma_{21} = \sigma_{12}, \ \sigma_{31} = \sigma_{13}, \ \sigma_{32} = \sigma_{23} \qquad (3-101)$$

根据沿 x_1、x_2 及 x_3 方向的力平衡条件得出众所周知的应力平衡方程,也称弹性问题的控制方程。

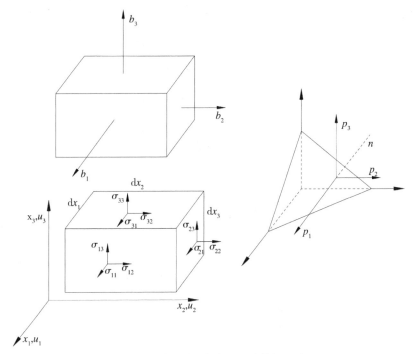

图 3-10　表面力、应力及位移的标记法

$$\begin{cases} \dfrac{\partial \sigma_{11}}{\partial x_1} + \dfrac{\partial \sigma_{12}}{\partial x_2} + \dfrac{\partial \sigma_{13}}{\partial x_3} + b_1 = 0 \\[3mm] \dfrac{\partial \sigma_{21}}{\partial x_1} + \dfrac{\partial \sigma_{22}}{\partial x_2} + \dfrac{\partial \sigma_{23}}{\partial x_3} + b_2 = 0 \\[3mm] \dfrac{\partial \sigma_{31}}{\partial x_1} + \dfrac{\partial \sigma_{32}}{\partial x_2} + \dfrac{\partial \sigma_{33}}{\partial x_3} + b_3 = 0 \end{cases} \tag{3-102}$$

采用角标标记法简写以上方程,得:

$$\frac{\partial \sigma_{ij}}{\partial x_j} + b_i = 0 \ (在 \Omega 内) \tag{3-103}$$

或写为:

$$\sigma_{ij,j} + b_i = 0 \tag{3-104}$$

式中 b_i 为物体力分量,逗号表示偏微分,$i = 1,2,3$,$j = 1,2,3$。当出现两个相同角标时,按角标取其循环的叠加值,单一角标按循环值建立不同的方程,这是爱因斯坦总和约定。

将应力分量投影于 $d\Gamma$ 边界得表面力,其分量 p_i 与应力 σ_{ij} 和外法矢分量 n_j 的关系为:

$$\begin{cases} p_1 = \sigma_{11}n_1 + \sigma_{12}n_2 + \sigma_{13}n_3 \\ p_2 = \sigma_{21}n_1 + \sigma_{22}n_2 + \sigma_{23}n_3 \\ p_3 = \sigma_{31}n_1 + \sigma_{32}n_2 + \sigma_{33}n_3 \end{cases} \tag{3-105}$$

或写为:

$$p_i = \sigma_{ij} + n_j = 0 \ (\text{在 } \Gamma \text{ 上}) \tag{3-106}$$

式中,$i = 1,2,3$,$j = 1,2,3$。

$$\begin{cases} n_1 = \cos(n,x_1) \\ n_2 = \cos(n,x_2) \\ n_3 = \cos(n,x_3) \end{cases} \tag{3-107}$$

设 Γ_2 边界上属于全边界 Γ 的表面力是已知的(自然边界条件),即

$$p_1 = \bar{p}_1, p_2 = \bar{p}_2, p_3 = \bar{p}_3 \tag{3-108}$$

必然与对应的应力分量相关联。

(2)应变状态

边界上的应变是位移的函数,位移在任意一点上具有三个分量 u_1、u_2 和 u_3。在弹性问题中,应变分量和位移分量的关系为:

正应变:

$$\varepsilon_{11} = \frac{\partial u_1}{\partial x_1} , \ \varepsilon_{22} = \frac{\partial u_2}{\partial x_2} , \ \varepsilon_{33} = \frac{\partial u_3}{\partial x_3} \tag{3-109}$$

切应变:

$$\varepsilon_{12} = \frac{1}{2}\left(\frac{\partial u_1}{\partial x_2} + \frac{\partial u_2}{\partial x_1}\right) , \ \varepsilon_{13} = \frac{1}{2}\left(\frac{\partial u_1}{\partial x_3} + \frac{\partial u_3}{\partial x_1}\right) , \ \varepsilon_{23} = \frac{1}{2}\left(\frac{\partial u_2}{\partial x_3} + \frac{\partial u_3}{\partial x_2}\right)$$

$$\tag{3-110}$$

或写为:

$$\varepsilon_{ij} = \frac{1}{2}\left(\frac{\partial u_i}{\partial x_j} + \frac{\partial u_j}{\partial x_i}\right) \tag{3-111}$$

式中,$i = 1,2,3$,$j = 1,2,3$。

式(3-111)也可以写为：

$$\varepsilon_{ij} = \frac{1}{2}(u_{i,j} + u_{j,i}) \tag{3-112}$$

应变状态按张量形式用应力分量定义：

$$\begin{bmatrix} \varepsilon_{11} & \varepsilon_{12} & \varepsilon_{13} \\ \varepsilon_{21} & \varepsilon_{22} & \varepsilon_{23} \\ \varepsilon_{31} & \varepsilon_{32} & \varepsilon_{33} \end{bmatrix} \tag{3-113}$$

式中，$\varepsilon_{21} = \varepsilon_{12}$，$\varepsilon_{31} = \varepsilon_{13}$，$\varepsilon_{32} = \varepsilon_{23}$。

基本边界条件用位移给出比用应变给出更方便，即

$$u_1 = \bar{u}_1, u_2 = \bar{u}_2, u_3 = \bar{u}_3 \text{（在 } \Gamma \text{ 上）} \tag{3-114}$$

或表示为：

$$u_j = \bar{u}_j \text{（在 } \Gamma_1 \text{ 上）}, j = 1,2,3, \Gamma = \Gamma_1 + \Gamma_2 \tag{3-115}$$

（3）本构方程

弹性体的本构方程即应力与应变的关系用 Lame′常数 λ 和 μ 确定，两个常数关联体应变和切应变分量：

$$\sigma_{ij} = \lambda \sigma_{ij}\varepsilon_{kk} + 2\mu\varepsilon_{ij} \tag{3-116}$$

式中，σ_{ij} 为 Kronecker-δ（$i = j$ 时为 1，$i \neq j$ 时为 0），ε_{kk} 为体应变：

$$\varepsilon_{kk} = \varepsilon_{11} + \varepsilon_{22} + \varepsilon_{33}, k = 1,2,3 \tag{3-117}$$

式(3-116)的应变表达式为：

$$\varepsilon_{ij} = -\frac{\lambda\delta_{ij}}{2\mu(3\lambda + 2\mu)}\sigma_{kk} + \frac{1}{2\mu}\sigma_{ij} \tag{3-118}$$

式中，$\sigma_{kk} = \sigma_{11} + \sigma_{22} + \sigma_{33}$。

Lame′常数与弹性模量 E、切变模量 G（或 μ）和泊松比 ν 有关：

$$\mu = G = \frac{E}{2(1 + \nu)}, \lambda = \frac{\nu E}{(1 + \nu)(1 - 2\nu)} \tag{3-119}$$

用 E 和 ν 表示的本构方程为：

$$\begin{cases} \varepsilon_{ij} = -\frac{\nu}{E}\sigma_{kk}\delta_{ij} + \frac{1+\nu}{E}\delta_{ij} \\ \sigma_{ij} = \frac{E}{1+\nu}\left(\frac{\nu}{1-2\nu}\varepsilon_{kk}\delta_{ij} + \varepsilon_{ij}\right) \end{cases} \tag{3-120}$$

在特殊问题(如土质力学)上常用体积模量 K,此时定义如下应力和应变:

$$\sigma'_{ij} = \sigma_{ij} - \frac{1}{3}\sigma_{kk}\delta_{ij} \tag{3-121}$$

$$\varepsilon'_{ij} = \varepsilon_{ij} - \frac{1}{3}\varepsilon_{kk}\delta_{ij} \tag{3-122}$$

其本构方程为:

$$\sigma'_{ij} = 2G\varepsilon^1_{ij}, \quad p = -K\varepsilon_{kk} \tag{3-123}$$

式中,p 为静水压力:

$$p = -\frac{\sigma_{kk}}{3} \tag{3-124}$$

K 由下式给出:

$$K = \lambda + \frac{2}{3}G = \frac{E}{3(1-2\nu)} \tag{3-125}$$

对于各向同性弹性体,所有材料的常数用两个独立常量表示。控制方程(三个公式)、应变-位移关系式(六个公式)和本构方程(六个公式)构成了确定应力(六个分量)、位移(三个分量)和应变(六个分量)的完整方程组。

(4)初应力和初应变

由于温度或其他原因,经常遇到具有初始应力或初始应变的问题。考虑初始应变问题,弹性应变由总应变减去初始应变,即

$$\varepsilon^e_{ij} = \varepsilon^t_{ij} - \varepsilon^0_{ij} \tag{3-126}$$

式中,ε^t_{ij} 为总应变,ε^0_{ij} 为初始应变,ε^e_{ij} 为弹性应变。

用弹性应变确定应力:

$$\sigma_{ij} = \lambda\delta_{ij}(\varepsilon^t_{kk} - \varepsilon^0_{kk}) + 2\mu(\varepsilon^t_{ij} - \varepsilon^0_{ij}) \tag{3-127}$$

或写为:

$$\sigma_{ij} = (\lambda\delta_{ij}\varepsilon^t_{kk} + 2\mu\varepsilon^t_{ij}) - (\lambda\delta_{ij}\varepsilon^0_{kk} + 2\mu\varepsilon^0_{ij}) = \sigma^t_{ij} - \sigma^0_{ij} \tag{3-128}$$

式中,σ^0_{ij} 为初始应力,由下式给出:

$$\sigma^0_{ij} = -(\delta_{ij}\varepsilon^0_{kk} + 2\mu\varepsilon^0_{ij}) \tag{3-129}$$

当初始应变是由温度引起的,且在材料内温度作用是各向同性的,则初始应变可以写为:

$$\varepsilon^0_{ij} = \alpha\theta\delta_{ij} \tag{3-130}$$

式中, α 为线性膨胀系数, θ 为温度差。

对应的初始应力可以写为:

$$\sigma_{ij}^{0} = -2\mu\left(\frac{1+\nu}{1-\nu}\right)\alpha\theta\delta_{ij} \qquad (3-131)$$

3.3.2　基本解

为了建立弹性问题的边界积分方程,必须先知道弹性问题的基本解,Kelvin在 1948 年已经给出答案。Kelvin 解就是在无穷域中由单位力作用而产生的位移、表面力及应力场的特解,其材料特性同定解问题一样。

用位移表示应力平衡方程式(3-103),可得 Lame′方程:

$$\sigma_{lj,j} + b_l = 0 \qquad (3-132)$$

将应力-应变关系式(3-120)和应变-位移关系式(3-112)代入式(3-132),得 Lame′方程:

$$\frac{1}{1-2\nu}u_{j,jl} + u_{j,jj} + \frac{1}{\mu}b_l = 0 \qquad (3-133)$$

在域内任意一点 i 的单位矢方向上作用单位集中力,体积力可换成:

$$b_l = \delta_i e_l \qquad (3-134)$$

选用 Galerkin 矢量 G(调和函数)的组合位移函数是获得基本解的简便方法:

$$u_j = G_{j,mm} - \frac{1}{2(1-\nu)}G_{m,jm} \qquad (3-135)$$

将式(3-134)和式(3-135)代入式(3-133),得:

$$G_{l,mmjj} + \frac{1}{\mu}\delta_i e_l = 0 \qquad (3-136)$$

或

$$\nabla^2(\nabla^2 G_l) + \frac{1}{\mu}\delta_i e_l = 0 \qquad (3-137)$$

对于三维和二维平面应变问题,式(3-137)可简写为:

$$\nabla^2(F_l) + \frac{1}{\mu}\delta_i e_l = 0 \qquad (3-138)$$

式中, $F_l = \nabla^2 G_l$。

参照位势问题的基本解及推测式的基本解,对于三维问题:

$$F_l = \frac{1}{4\pi r\mu}e_l \tag{3-139}$$

对于二维问题:

$$F_l = \frac{1}{2\pi\mu}\ln\left(\frac{1}{r}\right)e_l \tag{3-140}$$

将式(3-139)和式(3-140)代入 $F_l = \nabla^2 G_l$ 中,对于三维问题:

$$\nabla^2 G_l = \frac{1}{4\pi r\mu}e_l \tag{3-141}$$

对于二维问题:

$$\nabla^2 G_l = \frac{1}{2\pi\mu}\ln\left(\frac{1}{r}\right)e_l \tag{3-142}$$

上式的解为:

$$G_l = Ge_l \tag{3-143}$$

对于三维问题:

$$G = \frac{1}{8\pi\mu}r \tag{3-144}$$

对于二维问题:

$$G = \frac{1}{8\pi\mu}r^2\ln\left(\frac{1}{r}\right) \tag{3-145}$$

当施加各自独立的单位集中力时,得:

$$G_{lk} = G\delta_{lk} \tag{3-146}$$

式中, G_{lk} 表示任意一点 Galerkin 矢量的 k 方向分量,由作用在源点 i 的 l 方向单位集中力所产生。

在沿各坐标轴方向作用单位集中力的情况下,域内任意一点的位移可以写为:

$$u_k^* = u_{lk}^* e_l \tag{3-147}$$

式中, u_{lk}^* 表示作用在源点 i 的 l 方向单位集中力引起任意一点的 k 方向位移。

由式(3-135)得:

$$u_{lk}^* = G_{lk,mm} - \frac{1}{2(1-\nu)}G_{lm,km} \tag{3-148}$$

将式(3-144)和式(3-146)代入式(3-148),得到三维问题的位移基本解,即 Kelvin 解:

$$u_{lk}^* = \frac{1}{16\pi\mu(1-\nu)r}\left[\,(3-4\nu)\,\delta_{lk} + r_{,l}r_{,k}\right] \tag{3-149}$$

式中, $r_{,l} = \dfrac{\partial r}{\partial x_l}$, $r_{,k} = \dfrac{\partial r}{\partial x_k}$ 是 r 对 x_1、x_2、x_3 的投影 $(r_1、r_2、r_3)$ 与长度 r 之比,即

$r_{,l} = \dfrac{r_l}{r}$。

同样可得二维问题的位移基本解:

$$u_{lk}^* = \frac{1}{8\pi\mu(1-\nu)}\left[(3-4\nu)\ln\left(\frac{1}{r}\right)\delta_{lk} + r_{,l}r_{,k}\right] \tag{3-150}$$

将式(3-145)给定的 Galerkin 矢量代入 Laplace 微分算子所得的结果与式(3-140)不完全一致。不同点在于常系数上,但同样是式(3-138)的解。因此,直接采用式(3-145)和仅 r^2 项不同的所有 G 值。总之,除了刚体运动外,无论取怎样的 G 值皆可得到恒等于式(3-150)的基本解。至于刚体运动,如下文所述不会影响问题的解,故不必考虑。

任意一内点的应力,由应变-位移关系式和应力-应变关系式求得:

$$\sigma_{kj}^* = s_{lkj}^* e_l \tag{3-151}$$

式中, s_{lkj}^* 由 u_{lk}^* 得到,其具体推导过程如下:

在外法矢 n 的边界 Γ 上,表面力由式(3-150)和式(3-108)求得:

$$p_k^* = p_{lk}^* e_l \tag{3-152}$$

对于三维问题,表面力分量为:

$$p_{lk}^* = -\frac{1}{8\pi(1-\nu)r^2}\left\{\left[\frac{\partial r}{\partial n}(1-2\nu)\delta_{lk} + 3r_{,l}r_{,k}\right] + (1-2\nu)(n_l r_{,k} - n_k r_{,l})\right\}$$

$$\tag{3-153}$$

式中, n_l 和 n_k 分别为对应 x_l 和 x_k 的外法矢的方向余弦。基本解的几何表示如图 3-11 和图 3-12 所示。

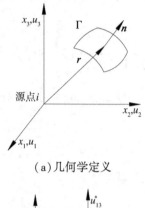

（a）几何学定义

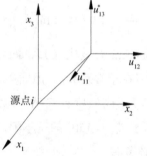

（b）表面上的基本解位移分量

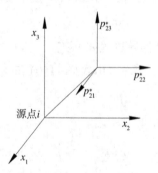

（c）表面力基本解分量

图 3-11　基本解分量的几何解

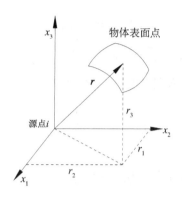

图 3-12　距离 r 的分量

对于二维问题,表面力分量为:

$$p_{lk}^{*} = -\frac{1}{4\pi(1-\nu)\,r}\left\{\left[\frac{\partial r}{\partial \boldsymbol{n}}(1-2\nu)\,\delta_{lk}+2r_{,l}r_{,k}\right]+(1-2\nu)\,(n_{l}r_{,k}-n_{k}r_{,l})\right\}$$

$$(3-154)$$

3.3.3　边界积分方程的建立

(1)边界积分方程

边界积分方程的建立采用加权余量法。考虑弹性问题控制方程在数值模拟过程中产生的误差最小,定解问题的控制方程为:

$$\sigma_{kj,j}+b_{k}=0\,(在\,\Omega\,内) \qquad (3-155)$$

给定的边界条件为:

①基本边界条件,即位移的边界条件 $u_{k}=\bar{u}_{k}$(在 Γ_{1} 上)。

②自然边界条件,即表面力的边界条件 $p_{k}=\sigma_{kj}n_{j}=\bar{p}_{k}$(在 Γ_{2} 上)。

为了使式(3-155)的误差最小,选择位移函数 u_{k}^{*} 加权于式(3-156),求其内积为正交。

$$\int_{\Omega}(\sigma_{kj,j}+b_{k})\,u_{k}^{*}\,\mathrm{d}\Omega=0 \qquad (3-156)$$

对式(3-156)的第一项进行分部积分,得:

$$-\int_{\Omega}\sigma_{kj}\varepsilon_{kj}^{*}\,\mathrm{d}\Omega+\int_{\Omega}b_{k}u_{k}^{*}\,\mathrm{d}\Omega=-\int_{\Gamma}p_{k}u_{k}^{*}\,\mathrm{d}\Gamma \qquad (3-157)$$

对式(3-157)的第一项进行分部积分,得式(3-155)的伴随形式:

$$\int_{\Omega} \sigma^*_{kj} u_k \mathrm{d}\Omega + \int_{\Omega} b_k u_k^* \mathrm{d}\Omega = -\int_{\Gamma} p_k u_k^* \mathrm{d}\Gamma + \int_{\Gamma} p_k^* u_k \mathrm{d}\Gamma \qquad (3-158)$$

式(3-158)对应 Betti 互换定理($\sigma_{kj,j} = -b_k^*$),是建立边界积分方程的另一出发点。等式右侧的两项是边界积分,代入边界条件,则:

$$\int_{\Omega} \sigma^*_{kj,j} u_k \mathrm{d}\Omega + \int_{\Omega} b_k u_k^* \mathrm{d}\Omega = -\int_{\Gamma_1} p_k u_k^* \mathrm{d}\Gamma - \int_{\Gamma_2} \bar{p}_k u_k^* \mathrm{d}\Gamma + \int_{\Gamma_1} \bar{u}_k p_k^* \mathrm{d}\Gamma + \int_{\Gamma_2} u_k p_k^* \mathrm{d}\Gamma$$

$$(3-159)$$

字母上方一杠表示该值为已知,对式(3-159)进行分部积分,得:

$$\int_{\Omega} (\sigma_{kj,j} + b_k) u_k^* \mathrm{d}\Omega = \int_{\Gamma_2} (p_k - \bar{p}_k) u_k^* \mathrm{d}\Gamma + \int_{\Gamma_1} (\bar{u}_k - u_k) p_k \mathrm{d}\Gamma \quad (3-160)$$

式(3-160)就是弹性定解问题的加权余量表达式。很显然,由于附加了边界条件,没能返回到式(3-156)。现返回到式(3-159),用基本解代替原权函数 u_k^*。基本解应满足如下方程:

$$\sigma^*_{ij,j} + \delta_i e_l = 0 \qquad (3-161)$$

因此,基本解为 $u_k^* = u_{lk}^* e_l$,$p_k^* = p_{lk}^* e_l$。式中 u_{lk}^* 和 p_{lk}^* 表示 l 方向单位集中力引起的 k 方向位移及表面力的分量。对于单位集中力的特定方向,式(3-159)的第一项域积分为:

$$\int_{\Omega} \sigma^*_{kj,j} u_k \mathrm{d}\Omega = \int_{\Omega} \sigma^*_{lj,j} u_l \mathrm{d}\Omega = -\int_{\Omega} \delta_i u_l e_l \mathrm{d}\Omega = -u_l^i e_l \qquad (3-162)$$

式中,u_l^i 表示单位集中力作用点 i 的 l 方向位移分量。

当各自取三个方向的单位集中力时,式(3-159)可以写为有关 i 点的三个位移分量表达式:

$$u_l^i + \int_{\Gamma_1} p_{lk}^* \bar{u}_k \mathrm{d}\Gamma + \int_{\Gamma_2} p_{lk}^* u_k \mathrm{d}\Gamma = \int_{\Gamma_1} u_{lk}^* p_k \mathrm{d}\Gamma + \int_{\Gamma_2} u_{lk}^* \bar{p}_k \mathrm{d}\Gamma + \int_{\Omega} u_{lk} b_k \mathrm{d}\Omega \quad (3-163)$$

从式(3-150)看出,$\sigma^*_{lj,j}$ 项只在单位集中力作用的 l 方向不为 0。可是,域内任意一点的位移和表面力却是三个或两个分量。由此可以看出,只有式(3-159)的第一项在单位集中力作用的 l 方向上产生位移,其余各项都叠加在对应分量的积分中。当不加区别给定边界条件时,式(3-163)可以简写为:

$$u_l^i + \int_{\Gamma} p_{lk}^* u_k \mathrm{d}\Gamma = \int_{\Gamma} u_{lk}^* p_k \mathrm{d}\Gamma + \int_{\Omega} u_{lk}^* b_k \mathrm{d}\Omega \qquad (3-164)$$

式(3-164)是为人熟知的 Somigliana 式,意味着已知边界值 u_k、p_k、域内物体的力和基本解,就可以确定域内任意一点的位移,式(3-164)在单位集中力作用点 i 上都成立。

(2)边界上的源点

Somigliana 式是域内点的位移和边界值的关系式,所以在求解边界值问题之后才能用它计算域内任意一点的位移和应力值。为了求解边界值问题,对式(3-164)进行必要的变换,即把域内源点移至边界上,建立该点位移同其他边界值之间的对应关系。当源点 i 取在边界上时,必然出现积分的奇异问题。因此,必须利用解决位势问题所采用的极限分析方法解析其行为。

设 i 点所在边界为光滑的,构造以 i 点为球心、以 ε 为微小半径的半球附加于边界上,如图 3-13 所示。

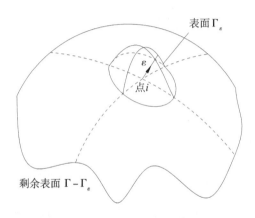

图 3-13　虚设的半球状边界 Γ_ε

i 点位于区域内,可应用式(3-164),然后求其 $\varepsilon \to 0$ 的极限。此时,在式(3-164)中存在两种类型的边界积分。先考虑等式右侧的积分,得出半球边界 Γ_ε 的函数,即:

$$\int_\Gamma u_{lk}^* p_k \mathrm{d}\Gamma = \lim_{\varepsilon \to 0} \int_{\Gamma - \Gamma_\varepsilon} u_{lk}^* p_k \mathrm{d}\Gamma + \lim_{\varepsilon \to 0} \int_{\Gamma_\varepsilon} u_{lk}^* p_k \mathrm{d}\Gamma \qquad (3\text{-}165)$$

式(3-165)右侧的第一项积分在 $\varepsilon \to 0$ 时成为全边界的积分。

第二项积分为:

$$p_k^i \left(\lim_{\varepsilon \to 0} \int_{\Gamma_\varepsilon} u_{lk}^* \mathrm{d}\Gamma \right) \qquad (3\text{-}166)$$

因为式(3-166)中的基本解次数为 $\dfrac{1}{\varepsilon}$,而半球表面积分中出现 ε^2,故当

$\varepsilon \to 0$ 时,式(3-166)趋于 0。

$$\lim_{\varepsilon \to 0} \int_{\Gamma_\varepsilon} u_{lk}^* \, \mathrm{d}\Gamma = 0 \qquad (3\text{-}167)$$

换言之,该积分在 i 点不受奇异性影响。

式(3-164)左侧的边界积分也可分成两项:

$$\int_{\Gamma} p_{lk}^* u_k \, \mathrm{d}\Gamma = \lim_{\varepsilon \to 0} \int_{\Gamma - \Gamma_\varepsilon} p_{lk}^* u_k \, \mathrm{d}\Gamma + \lim_{\varepsilon \to 0} \int_{\Gamma_\varepsilon} p_{lk}^* u_k \, \mathrm{d}\Gamma \qquad (3\text{-}168)$$

式中, p_{lk}^* 的次数为 $\dfrac{1}{\varepsilon^2}$,半球表面积次数为 ε^2,故式(3-168)的积分在 $\varepsilon \to 0$ 时不能被消去而存在极限值。

$$\lim_{\varepsilon \to 0} \int_{\Gamma_\varepsilon} p_{lk}^* \, \mathrm{d}\Gamma = -\frac{1}{2}\delta_{lk} \qquad (3\text{-}169)$$

因此,式(3-168)在 $\varepsilon \to 0$ 时的极限为:

$$\int_{\Gamma} p_{lk}^* u_k \, \mathrm{d}\Gamma - \frac{1}{2}\delta_{lk} u_k^i = \int_{\Gamma} p_{lk}^* u_k \, \mathrm{d}\Gamma - \frac{1}{2} u_l^i \qquad (3\text{-}170)$$

式中,在 Γ 上的积分定义为 Cauchy 值。

总之,将式(3-164)用于边界上的源点,换写为:

$$c_{lk}^i u_k^i + \int_{\Gamma} p_{lk}^* u_k \, \mathrm{d}\Gamma = \int_{\Gamma} u_{lk}^* p_k \, \mathrm{d}\Gamma + \int_{\Omega} u_{lk}^* b_k \, \mathrm{d}\Omega \qquad (3\text{-}171)$$

式中,边界积分项是 Cauchy 主值。当源点 i 所在边界 Γ 光滑时, $c_{lk}^i = \dfrac{1}{2}\delta_{lk}$,当边界 Γ 非光滑时,式(3-170)则给出不同的结果。对于三维问题,其积分是不容易求得的。此时,可采用刚体位移原理间接计算,不必直接求解。

一般的弹性边界值问题可通过边界积分方程式(3-171)计算。若边界上的所有位移已知,则式(3-171)称为第一类边界积分方程;若表面力已知,则称为第二类边界积分方程;若给定两种边界条件的组合,则称为混合类边界积分方程。

第4章 离散元法理论基础

4.1 离散元法概述

离散元法的基本原理是将不连续体看成能够满足运动方程的刚性元素集合,并利用时步迭代法求解运动方程,从而得到整体的运动形态。该方法不受位移连续和形变协调条件的限制,允许单元间相对运动,具有计算速度快和存储空间小的优势。

离散元法在岩土工程和颗粒离散体工程中发挥着其他数值计算方法无法替代的作用。它能够在岩土计算力学中更真实地表达节理岩体的几何特征;能够在颗粒体模型的基础上利用生成的算法模拟土壤的开裂和分离等非连续现象;能够在颗粒离散体工程中描述粉体在复杂物理场作用下的复杂动力学行为,研究复杂结构材料的力学特性。

使用离散元软件可以对离散粒子系统进行仿真,得到从实际离散物料中无法测量的数据,并利用得到的数据综合分析整个粒子系统。随着离散元软件的不断开发和完善,离散元法的应用对象和使用范围也在不断扩大。

4.2 离散物料的基本概念

离散元法把应用对象离散物料当作是由离散颗粒组成的集合体,离散颗粒与离散物料自身的性质一致。

4.2.1 颗粒物料与颗粒流

颗粒物料是一个具有内在有机联系的复杂系统,通过一系列离散颗粒相互作用而形成。离散颗粒的运动服从牛顿定律。当有力的作用发生时,颗粒介质就会具有流体的性质,从而发生流动,继而构成颗粒流。

4.2.2　力链

当颗粒的浓度较大形成密集流时,颗粒接触连接形成直线状且较为稳定的力链,进而在整个颗粒介质中形成力链网络,支撑整个颗粒介质的重力和外载荷。颗粒物料内部的接触应力分布不均匀。当密集排布时,由于颗粒受活动空间的限制,在重力或外载荷的作用下,颗粒间相互挤压产生形变。若颗粒形变较大且连接成准直线状,能够承受较大外力,则形成强力链;若颗粒接触时产生的形变较小,能够承受较小外力,则形成弱力链。

4.2.3　孔隙率与孔隙比

颗粒物料由形状和大小不同的颗粒组成,颗粒之间存在间隙,称为孔隙。孔隙率的定义为颗粒之间的孔隙体积与整个颗粒物料体积之比。孔隙率 n 可以表示为:

$$n = \frac{V_0}{V_0 + V_1} \tag{4-1}$$

式中,V_0 为孔隙体积,V_1 为固体物料体积。

孔隙率能够描述颗粒物料的密实程度,与颗粒自身的尺寸、形状、相互作用及所受压力有关。孔隙体积与固体物料体积之比称为孔隙比,孔隙比 ε 可以表示为:

$$\varepsilon = \frac{V_0}{V_1} \tag{4-2}$$

4.2.4　物料的湿度

颗粒物料的孔隙中存在空气和水,水有结构水、吸附水和表面水三种。其中,结构水是与颗粒结合的水;吸附水是颗粒吸收的周围空气中的水;表面水则是颗粒表面的水膜或充填在颗粒间的自由水。

潮湿物料是存在表面水的物料,存在结构水和吸附水的颗粒物料称为风干物料,仅存在结构水的物料称为干燥物料。物料的湿度是指物料风干前与风干

后的质量之差,可以表示为:

$$Q = \frac{m_1 - m_2}{m_2} \qquad (4-3)$$

式中,Q 为物料的湿度,m_1 为物料风干前的质量,m_2 为物料风干后的质量。

4.2.5　堆积角

堆积角是指颗粒物料自由堆积在水平面上,同时能够保持稳定的锥形料堆的最大锥角,即物料的自然坡度表面与水平面之间的夹角,也称为最大堆积角。堆积角的大小与颗粒物料的流动性有关。堆积角有两种:底平面保持静止状态时为静堆积角;底平面保持运动状态时为动堆积角。

4.2.6　流动性

流动性是颗粒物料重要的特性之一。其影响因素较多,如内摩擦力、黏结力、堆积密度及颗粒间所含空气的多少等。

4.2.7　磨损性与磨琢性

当颗粒物料运动时,与其相接触的固体表面会产生磨损,该性质为物料的磨损性,用被接触材料的相对磨损量来表示。若颗粒物料的尖锐棱边产生机械损坏(如击穿、撕裂等),该性质为物料的磨琢性。

4.2.8　黏结性与冻结性

在长期存放的条件下,一些颗粒物料由于失去了自身的松散性质而聚成团状,该性质为物料的黏结性。某些颗粒物料只有在超过正常湿度的条件下才会发生黏结,反之,在干燥状态下则不发生黏结或黏结较弱。在所有情况下,如果不断增高颗粒物料的堆积层,其下层因为承受的压力不断增大,所以黏结的可能性增大。在温度较低的情况下,潮湿的颗粒物料冻结成块的性质称为冻结性。

4.3 颗粒接触理论

4.3.1 模型假设

离散元法认为待分析对象由一定尺寸和质量的离散颗粒构成,每个颗粒看作一个分析单元。假设如下:

(1)若颗粒是刚性体,则各个颗粒在接触点发生的形变累加构成整个系统的形变。

(2)当颗粒间的接触发生区域较小时,视为点接触。

(3)若颗粒的接触形式为软接触,允许刚性颗粒在接触点处发生较小形变时存在重叠量。

(4)在每个时步内,不允许扰动通过任一颗粒同时传播给其他相邻的颗粒。在整个时间内,颗粒与颗粒之间的相互作用可以唯一确定其合力。

离散元法为解决具有复杂交互作用的不连续系统提供了先进的三维模拟平台,可以利用高效的计算方法实现三维粒子之间的接触判定,而且能够描述接触的几何特征和物理特征。

4.3.2 颗粒单元的属性

离散元法将物料介质看作是由离散颗粒组成的集合体,理想化地认为颗粒具有相互独立、相互接触和相互作用的特性。颗粒单元的基本特征有几何特征和物理特征两种类型。

(1)形状、尺寸以及排列方式等构成了颗粒单元的几何特征。常用的形状有二维的圆形和椭圆形、三维的球形和椭球形以及组合单元等;排列常采用与空间晶格点阵相似的规则排列方式,也可采用随机排列的方式。

(2)颗粒单元的物理特征有质量、温度、刚度、比热以及相变、化学活性等。由于材料常数可以灵活地设置载荷模式、颗粒尺寸、颗粒分布和颗粒的物理性质,能够获得其他方法所不能得到的可以描述介质力学行为的有价值的信息,因此材料常数具有显著的物理意义。

4.3.3　接触模型

颗粒运动引起颗粒之间的相互碰撞,产生力的作用。离散元法能够模拟颗粒间因接触而发生作用的碰撞过程。

离散元法中存在硬颗粒接触和软颗粒接触两种方式。硬颗粒接触只考虑发生在两个颗粒之间的碰撞,当较小的应力作用于颗粒表面时,颗粒不会发生显著的塑性形变,且认为颗粒之间的碰撞是瞬时发生的,所以应用场合只限于稀疏、快速运动的颗粒流中;软颗粒接触允许多个颗粒同时发生碰撞并能持续一定的时间,即允许同一个接触点存在重叠量。

接触模型是离散元法中必不可少的一部分,它能够通过一对相互作用的力将接触点处的重叠量、粒子物理属性、冲击速度和时步相关信息等关联起来,利用牛顿第二定律计算出粒子的加速度,并更新速度与位移,确定粒子所受的力和力矩大小。接触模型可以分为干颗粒模型和湿颗粒模型两种。干颗粒模型描述的是当圆球间发生法向和切向相对运动时,颗粒接触力与局部形变的关系;湿颗粒接触模型则是当法向或切向相对运动发生在有液体存在的圆球之间时,一种由于液体黏性产生法向挤压力或切向阻力的模型。

模拟分析对象不同,使用的接触模型也不同。下面对实际应用中常用的接触模型进行解释说明。

(1)Hertz-Mindlin 无滑动接触模型

假设弹性接触发生在两个圆球颗粒之间,两个圆球颗粒的半径分别为 R_1 和 R_2,则法向重叠量 α 为:

$$\alpha = R_1 + R_2 - |r_1 - r_2| \tag{4-4}$$

式中, r_1 和 r_2 分别为两个圆球颗粒的球心位置矢量。

圆球颗粒之间的接触面是圆形的,接触半径 a 为:

$$a = (R^* \alpha)^{\frac{1}{2}} \tag{4-5}$$

式中, R^* 为等效颗粒半径,计算公式为:

$$\frac{1}{R^*} = \frac{1}{R_1} + \frac{1}{R_2} \tag{4-6}$$

颗粒间的法向力 F_n 为:

$$F_n = \frac{4}{3} E^* R^{*\frac{1}{2}} \alpha^{\frac{3}{2}} \tag{4-7}$$

式中，E^* 为等效弹性模量，计算公式为：

$$\frac{1}{E^*} = \frac{1 - \nu_1^2}{E_1} + \frac{1 - \nu_2^2}{E_2} \tag{4-8}$$

式中，E_1 和 ν_1 分别为颗粒 1 的弹性模量和泊松比，E_2 和 ν_2 分别为颗粒 2 的弹性模量和泊松比。

颗粒间的法向阻尼力 F_n^d 为：

$$F_n^d = -2\left(\frac{5}{6}\right)^{\frac{1}{2}} \beta (S_n m^*)^{\frac{1}{2}} v_n^{rel} \tag{4-9}$$

式中，m^* 为等效质量，计算公式为：

$$m^* = \frac{m_1 m_2}{m_1 + m_2} \tag{4-10}$$

式中，m_1 和 m_2 分别为两个圆球颗粒的质量。

假设 v_1 和 v_2 分别为两个圆球颗粒在碰撞之前的速度，n 为发生碰撞时的法向单位矢量，由下式求得：

$$n = \frac{r_1 - r_2}{|r_1 - r_2|} \tag{4-11}$$

式(4-9)中的法向相对速度分量值 v_n^{rel} 为：

$$v_n^{rel} = (v_1 - v_2) \cdot n \tag{4-12}$$

式(4-9)中的系数 β 和法向刚度 S_n 可由以下两式求得：

$$\beta = \frac{\ln e}{(\ln^2 e + \pi^2)^{\frac{1}{2}}} \tag{4-13}$$

$$S_n = 2E^* (R^* \alpha)^{\frac{1}{2}} \tag{4-14}$$

式中，e 为恢复系数。

颗粒间的切向力 F_t 为：

$$F_t = -S_t \delta \tag{4-15}$$

式中，δ 为切向重叠量，S_t 为切向刚度，由下式求得：

$$S_t = 8G^* (R^* \alpha)^{\frac{1}{2}} \tag{4-16}$$

式中,G^* 为等效剪切模量,由下式求得:

$$G^* = \frac{2 - \nu_1^2}{G_1} + \frac{2 - \nu_2^2}{G_2} \tag{4-17}$$

式中,G_1 和 G_2 分别为是两个圆球颗粒的剪切模量。

颗粒间的切向阻尼力 F_t^d 为:

$$F_t^d = -2\left(\frac{5}{6}\right)^{\frac{1}{2}} \beta (S_t m^*)^{\frac{1}{2}} v_t^{rel} \tag{4-18}$$

式中,v_t^{rel} 为切向相对速度。切向力与摩擦力的大小有关。

滚动摩擦力的计算公式为:

$$T_i = -\mu_r F_n R_i \boldsymbol{\omega}_i \tag{4-19}$$

式中,μ_r 为滚动摩擦因数,R_i 为接触点到圆球颗粒质心的距离,$\boldsymbol{\omega}_i$ 为单位角速度矢量。

（2）Hertz-Mindlin 黏结接触模型

Hertz-Mindlin 黏结接触模型可以应用于需要使用有限尺度的黏合剂黏结的颗粒,较适合用于混凝土和岩石结构的仿真。

在颗粒发生黏结之前,Hertz-Mindlin 黏结接触模型使颗粒间产生相互作用,并认为颗粒是在 t_{BOND} 时刻被黏结起来。随着时步的增加,黏结力 F_n、F_t 和力矩 T_n、T_t 的值从 0 开始增加,计算公式为:

$$\begin{cases} \delta F_n = -v_n S_n A \delta t \\ \delta F_t = -v_t S_t A \delta t \\ \delta T_n = -\omega_n S_t J \delta t \\ \delta T_t = -\omega_t S_n \dfrac{J}{2} \delta t \end{cases} \tag{4-20}$$

式中,A 表示接触区域面积,$A = \pi R_B^2$,$J = \dfrac{1}{2}\pi R_B^4$,$R_B$ 为黏结半径,S_n 和 S_t 分别为法向刚度和切向刚度,δt 为时步,v_n 和 v_t 分别为法向速度和切向速度,ω_n 和 ω_t 分别为法向角速度和切向角速度。

当法向应力和切向应力超过黏结破坏的定值时,法向应力和切向应力的最大值满足:

$$\begin{cases} \sigma_{\max} < \dfrac{-F_{\mathrm{n}}}{A} + \dfrac{2T_{\mathrm{t}}}{J}R_{\mathrm{B}} \\[3mm] \tau_{\max} < \dfrac{-F_{\mathrm{t}}}{A} + \dfrac{2T_{\mathrm{n}}}{J}R_{\mathrm{B}} \end{cases} \tag{4-21}$$

这些黏结力和力矩是在 Hertz-Mindlin 模型力之外增加的。由于模型中加入这种黏结力,那么设置的颗粒接触半径值应该比实际值大,因此该模型的使用仅限于两个颗粒之间。

(3)线性黏附接触模型

线性黏附接触模型的基本原理为在 Hertz-Mindlin 接触模型的基础上增加了法向力,力的表达式为:

$$F = kA \tag{4-22}$$

式中,k 是黏附能量密度,单位为 $\mathrm{J/m^3}$。

在颗粒发生侧滑之前,该模型需要一个大于无黏性法向力的摩擦力进行阻挡。

(4)运动平面接触模型

运动平面接触模型可以应用于几何部件的线性运动,例如模拟传送带的运动,适用于粒子和几何体之间的接触。该接触模型只是在运动的几何部件接触处加入线性速率,同时增加接触模型的切向重叠量,所以整个部件实际上并没有发生运动。以下为切向重叠量的计算步骤:

①计算当前颗粒和几何体的相对速度:

$$\boldsymbol{v}_{\mathrm{old}}^{\mathrm{rel}} = \boldsymbol{v}_{\mathrm{p}} - \boldsymbol{v}_{\mathrm{G}} \tag{4-23}$$

式中,$\boldsymbol{v}_{\mathrm{p}}$ 为颗粒速度,$\boldsymbol{v}_{\mathrm{G}}$ 为几何体速度。

②计算当前切向速度:

$$\boldsymbol{v}_{\mathrm{t\_old}}^{\mathrm{rel}} = \boldsymbol{v}_{\mathrm{old}}^{\mathrm{rel}} - \boldsymbol{n}(\boldsymbol{n} \cdot \boldsymbol{v}_{\mathrm{old}}^{\mathrm{rel}}) \tag{4-24}$$

式中,$\boldsymbol{n}$ 为接触点的法向单位矢量。

③随着运动平面速度的不断变化,几何体的速度不断更新,计算新的相对速度:

$$\boldsymbol{v}_{\mathrm{new}}^{\mathrm{rel}} = \boldsymbol{v}_{\mathrm{p}} - (\boldsymbol{v}_{\mathrm{G}} + \boldsymbol{v}_{\mathrm{M}}) \tag{4-25}$$

式中,$\boldsymbol{v}_{\mathrm{M}}$ 是几何体速度的增量。

④计算新的切向速度：

$$\boldsymbol{v}_{\text{t\_new}}^{\text{rel}} = \boldsymbol{v}_{\text{new}}^{\text{rel}} - \boldsymbol{n}(\boldsymbol{n} \cdot \boldsymbol{v}_{\text{new}}^{\text{rel}}) \tag{4-26}$$

⑤计算切向重叠量的变化：

$$\delta_{\text{new}} = \delta_{\text{old}} + |\boldsymbol{v}_{\text{t\_new}}^{\text{rel}} - \boldsymbol{v}_{\text{t\_old}}^{\text{rel}}| T_{\text{step}} \tag{4-27}$$

式中，T_{step} 表示时步。

（5）线弹性接触模型

当线性弹簧和阻尼器并联时，计算两个颗粒之间的法向力 F_n：

$$F_n = k\alpha + c\dot{\alpha} \tag{4-28}$$

式中，k 为弹簧的刚度系数，c 为阻尼器的阻尼系数；α 是重叠量，$\dot{\alpha}$ 是叠合速度。类似地，也可以计算切向力的大小。

刚度系数和阻尼系数的大小可以在模型中进行设置，此模型能够将材料性质和运动约束结合起来计算，估算弹性刚度可以计算仿真时步的大小。常用的计算方法为：假定理想的 Hertzian 模型的最大应变能量 E_{hertzian} 等于实际模型的最大应变能量 E_{max}，计算弹簧刚度：

$$k = \frac{16}{15} R^{*\frac{1}{2}} E^* \left(\frac{15m^* v^2}{16R^{*\frac{1}{2}} E^*} \right)^{\frac{1}{5}} \tag{4-29}$$

使用 EDEM 软件进行仿真时，可以将冲击速度作为仿真时的最大速度，是仿真过程中的特征速度。例如，搅拌机以 ω 的速度运转，特征速度为 $r \cdot \omega$，其中 r 为搅拌机的半径。阻尼器的阻尼系数 c 与恢复系数 e 的关系为：

$$c = \left[\frac{4m^* k}{1 + \left(\dfrac{\pi}{\ln e} \right)^2} \right]^{\frac{1}{2}} \tag{4-30}$$

线弹性接触模型与 Hertz-Mindlin 接触模型的接触力是不连续的，且系统能量因相对转速较小而损失不大。与 Hertz-Mindlin 接触模型相比，线弹性接触模型计算步骤较少，因而更具优势。若使用相同的刚性颗粒，Hertz-Mindlin 接触模型在相同的时步下得到的力更大，所以线弹性接触模型可以获得更大的时步。

（6）摩擦带电接触模型

摩擦电荷是在两种不同材质的颗粒互相接触的情况下产生的，且因为接触的两个物体携带的电荷不同,电荷的传递在接触完成时产生。当模型只受静电影响时,能与操作力模型结合使用。

当一个金属球从绝缘管道中滚过时,产生摩擦电荷,其摩擦方程为:

$$\frac{\mathrm{d}q}{\mathrm{d}t} = \alpha(q_s - q) - \beta q \tag{4-31}$$

式中,q 为金属球在 t 时刻所带的电荷,q_s 为饱和电荷,α 为电荷产生的时间常数,β 为电荷损耗的时间常数。

根据式(4-31)可得:

$$q(t) = q_s \frac{1}{1 + \beta/\alpha} \left[1 - e^{-(\alpha+\beta)t} \right] \tag{4-32}$$

电荷损耗是由于大气粒子的冲击造成的,是一个相对缓慢的过程,可以忽略不计($\beta \approx 0$),则:

$$q(t) = q_s(1 - e^{-\alpha t}) \tag{4-33}$$

饱和电荷 q_s 能够阻止电荷的增加,是导致大气充分电离的表面电荷密度。在标准温度和标准大气压下,当电离的临界点为 30 000 V/cm 时,计算表面电荷密度为 2.66×10^{-5} C/m^2。

4.4 软球模型和硬球模型

颗粒简化模型包括软球模型和硬球模型两种。软球模型在不考虑颗粒表面形变和接触力加载历史的前提下,将颗粒间法向力和切向力简化成弹簧、阻尼器、滑动器,同时设置弹性系数和阻尼系数等参数,根据颗粒间法向重叠量和切向位移计算接触力,具有计算强度小的优势,较适合工程问题的数值计算。硬球模型认为颗粒接触时碰撞是瞬间完成的,不考虑颗粒接触力的大小和颗粒表面形变等细节,是接触力对时间积分的结果,能够使用恢复系数描述碰撞过程中的能量损耗,适合快速运动、低浓度颗粒体系的数值模拟。

4.4.1 软球模型

软球模型认为颗粒之间的接触碰撞过程是一个弹簧阻尼振动系统,如图 4-1 所示,该系统的运动方程可以表示为:

$$m\ddot{x} + c\dot{x} + kx = 0 \qquad (4-34)$$

式中,x 为偏离平衡位置的位移;m 为振子质量;c 为弹簧阻尼系数;k 为弹性系数。

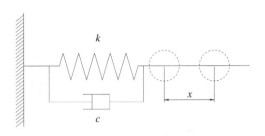

图 4-1　弹簧阻尼振动系统

由弹簧阻尼振动系统运动方程可知,颗粒受到的恢复力随着位移的增大而增大,受到的黏滞阻力随着速度的增大而增大,且方向相反,所以弹簧振子的能量在慢慢衰减。两个颗粒相互接触的软球模型如图 4-2 所示,颗粒 i 与颗粒 j 在惯性或外力的作用下于 C 点进行接触,图中的虚线表示两颗粒接触的位置。颗粒 i 与颗粒 j 进行相对运动导致颗粒的表面形变产生了接触力,使用软球模型进行分析,通过法向重叠量 α 和切向位移 δ 可以计算接触力。

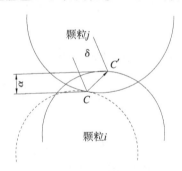

图 4-2　互相接触的软球模型

软球模型将弹簧、阻尼器、滑动器和耦合器设置在颗粒 i 和颗粒 j 之间,如图 4-3 所示。利用弹性系数 k 和阻尼系数 c 等参数对弹簧、阻尼器、滑动器的作用进行量化,其中耦合器可以在不引入外力的情况下确定相接触的颗粒之间的配对关系。若切向力的值大于屈服值,两个颗粒可以通过滑动阻尼器实现在法向力和摩擦力作用下的滑动。

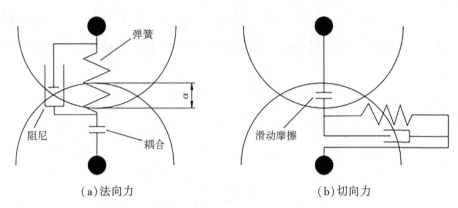

（a）法向力　　　　　　　　　　　　（b）切向力

图 4-3　软球模型中颗粒间接触力示意图

（1）接触力的计算

由图 4-2 和图 4-3 可知,法向力 F_{nij} 是颗粒 i 上弹簧产生的弹性力和法向阻尼器产生的阻尼力的合力。

对于二维颗粒,法向力 F_{nij} 为:

$$F_{nij} = (-k_n\alpha - c_n\boldsymbol{v}_{ij} \cdot \boldsymbol{n})\,\boldsymbol{n} \tag{4-35}$$

式中, α 为法向重叠量, $\boldsymbol{v}_{ij}$ 为颗粒 i 对颗粒 j 的相对速度,计算公式为 $\boldsymbol{v}_{ij} = \boldsymbol{v}_i - \boldsymbol{v}_j$, $\boldsymbol{n}$ 为颗粒 i 与颗粒 j 球心之间的单位矢量, k_n 为颗粒 i 的法向弹性系数, c_n 为颗粒 i 的法向阻尼系数。

对于三维颗粒,由 Hertz 接触理论可知,法向力 F_{nij} 为:

$$F_{nij} = (-k_n\alpha^{\frac{3}{2}} - c_n\boldsymbol{v}_{ij} \cdot \boldsymbol{n})\,\boldsymbol{n} \tag{4-36}$$

切向力 F_{tij} 为:

$$F_{tij} = -k_t\boldsymbol{\delta} - c_t\boldsymbol{v}_{ct} \tag{4-37}$$

式中, k_t 为切向弹性系数, c_t 为切向阻尼系数, $\boldsymbol{v}_{ct}$ 为接触点的滑动速度矢量, $\boldsymbol{\delta}$ 为接触点的切向位移,在三维运动中,其与滑动速度矢量 $\boldsymbol{v}_{ct}$ 的方向并不一定一致。

滑动速度矢量 $\boldsymbol{v}_{ct}$ 为:

$$\boldsymbol{v}_{ct} = \boldsymbol{v}_{ij} - (\boldsymbol{v}_{ij} \cdot \boldsymbol{n})\,\boldsymbol{n} + R_i\boldsymbol{\omega}_i \times \boldsymbol{n} + R_j\boldsymbol{\omega}_j \times \boldsymbol{n} \tag{4-38}$$

式中, R_i 为颗粒 i 的半径, R_j 为颗粒 j 的半径, $\boldsymbol{\omega}_i$ 为颗粒 i 的角速度, $\boldsymbol{\omega}_j$ 为颗粒 j 的角速度。

如果下列关系成立:

$$|\boldsymbol{F}_{tij}| > \mu_s |\boldsymbol{F}_{nij}| \tag{4-39}$$

则颗粒 i 发生滑动,切向力为:

$$\boldsymbol{F}_{tij} = -\mu_s |\boldsymbol{F}_{nij}| \boldsymbol{n}_t \tag{4-40}$$

式中 μ_s 是静摩擦因数。

切向单位矢量 $\boldsymbol{n}_t$ 为:

$$\boldsymbol{n}_t = \frac{\boldsymbol{v}_{ct}}{|\boldsymbol{v}_{ct}|} \tag{4-41}$$

颗粒 i 受到的合力和合力矩为:

$$\boldsymbol{F}_{ij} = \boldsymbol{F}_{nij} + \boldsymbol{F}_{tij},\ \boldsymbol{T}_{ij} = R_i \boldsymbol{n} \times \boldsymbol{F}_{tij} \tag{4-42}$$

当存在颗粒同时与几个颗粒相接触的情况时,则颗粒 i 上的总力和总力矩为:

$$\boldsymbol{F}_i = \sum_j (\boldsymbol{F}_{nij} + \boldsymbol{F}_{tij}),\ \boldsymbol{T}_i = \sum_j (R_i \boldsymbol{n} \times \boldsymbol{F}_{tij}) \tag{4-43}$$

(2)弹性系数的确定

软球模型中的弹性系数和阻尼系数可以通过材料的弹性模量和泊松比等参数来确定。法向弹性系数 k_n 为:

$$k_n = \frac{4}{3} \left(\frac{1-\nu_i^2}{E_i} + \frac{1-\nu_j^2}{E_j} \right)^{-1} \left(\frac{R_i + R_j}{R_i R_j} \right)^{-\frac{1}{2}} \tag{4-44}$$

式中,E 为弹性模量,ν 为泊松比,R 为颗粒半径,下标 i 表示颗粒 i,下标 j 表示颗粒 j。

如果颗粒 i 与颗粒 j 的材质相同,且粒径相等,那么法向弹性系数 k_n 可以简化为:

$$k_n = \frac{(2R)^{\frac{1}{2}} E}{3(1-\nu^2)} \tag{4-45}$$

切向弹性系数 k_t 为:

$$k_t = 8\alpha^{\frac{1}{2}} \left(\frac{1-\nu_i^2}{G_i} + \frac{1-\nu_j^2}{G_j} \right)^{-1} \left(\frac{R_i + R_j}{R_i R_j} \right)^{-\frac{1}{2}} \tag{4-46}$$

式中,G_i 为颗粒 i 的剪切模量,G_j 为颗粒 j 的剪切模量。

如果颗粒 i 与颗粒 j 的材质相同,且粒径相等,那么切向弹性系数 k_t 可以简化为:

$$k_t = \frac{2(2R)^{\frac{1}{2}} G}{(1 - \nu^2)} \alpha^{\frac{1}{2}} \tag{4-47}$$

在颗粒的接触过程中,由于法向弹性系数 k_n 和切向弹性系数 k_t 的大小与法向重叠量有关,且需要进行实时计算,存在计算量大的问题。为了计算方便,假设颗粒在接触过程中的弹性系数和阻尼系数的大小为定值,忽略加载历史和形变等。

(3)阻尼系数的确定

当弹簧振子处于临界阻尼状态时,机械能以最快的速度衰减。弹簧振子的质量为 m,其法向阻尼系数 c_n 和切向阻尼系数 c_t 分别为:

$$\begin{cases} c_n = 2(mk_n)^{\frac{1}{2}} \\ c_t = 2(mk_t)^{\frac{1}{2}} \end{cases} \tag{4-48}$$

当阻尼系数与恢复系数 e 耦合在一起时,其法向阻尼系数 c_n 为:

$$c_n = - \frac{2\ln e}{(\pi^2 + \ln e)^{\frac{1}{2}}} (mk_n)^{\frac{1}{2}} \tag{4-49}$$

4.4.2 硬球模型

假设颗粒 i 在任意时刻 t 最多与另外一个颗粒发生碰撞,碰撞点为两颗粒的接触点。

(1)一维碰撞

若两颗粒发生对心碰撞,碰撞前颗粒 1 的速度为 $\boldsymbol{v}_1$,颗粒 2 的速度为 $\boldsymbol{v}_2$,则碰撞前的相对速度 $\boldsymbol{v}_{12}$ 为:

$$\boldsymbol{v}_{12} = \boldsymbol{v}_1 - \boldsymbol{v}_2 \tag{4-50}$$

当两颗粒发生弹性碰撞,且满足动能守恒时,则:

$$\boldsymbol{v}'_{12} = -\boldsymbol{v}_{12} \tag{4-51}$$

当两颗粒发生非弹性碰撞时,一部分动能损耗导致相对速度减小,用恢复系数 e 表示:

$$e = - \frac{\boldsymbol{v}'_{12}}{\boldsymbol{v}_{12}} \tag{4-52}$$

由式(4-52)可知,$0 \leqslant e \leqslant 1$。当 $e = 1$ 时,两颗粒发生弹性碰撞,且总能量

保持不变；当 $e = 0$ 时，两颗粒发生完全非弹性碰撞，且粘连在一起运动；当 $0 < e < 1$ 时，两颗粒发生非弹性碰撞。

由动量守恒和式(4-48)得：

$$m_1 \boldsymbol{v}_1' + m_2 \boldsymbol{v}_2' = m_1 \boldsymbol{v}_1 + m_2 \boldsymbol{v}_2 \tag{4-53}$$

$$\boldsymbol{v}_1' - \boldsymbol{v}_2' = -e(\boldsymbol{v}_1 - \boldsymbol{v}_2) \tag{4-54}$$

可以推导出：

$$\begin{cases} \boldsymbol{v}_1' = \boldsymbol{v}_1 - \dfrac{m^*}{m_1}(1 + e)\boldsymbol{v}_{12} \\[3mm] \boldsymbol{v}_2' = \boldsymbol{v}_2 - \dfrac{m^*}{m_2}(1 + e)\boldsymbol{v}_{12} \end{cases} \tag{4-55}$$

有效质量 m^* 为：

$$m^* = \frac{m_1 m_2}{m_1 + m_2} \tag{4-56}$$

当两颗粒发生弹性碰撞($e = 1$)，且质量相等($\dfrac{m^*}{m_1} = \dfrac{m^*}{m_2} = \dfrac{1}{2}$)时，两颗粒的交换速度为：

$$\boldsymbol{v}_1' = \boldsymbol{v}_2, \ \boldsymbol{v}_2' = \boldsymbol{v}_1 \tag{4-57}$$

(2)三维碰撞

颗粒三维碰撞示意图如图 4-4 所示，两颗粒发生碰撞时的法向单位矢量为：

$$\boldsymbol{n} = \frac{\boldsymbol{r}_1 - \boldsymbol{r}_2}{|\boldsymbol{r}_1 - \boldsymbol{r}_2|} = \frac{\boldsymbol{r}_{12}}{|\boldsymbol{r}_{12}|} \tag{4-58}$$

式中，两颗粒发生碰撞时球心位置矢量 $\boldsymbol{r}_{12} = \boldsymbol{r}_1 - \boldsymbol{r}_2$。

法向分量为：

$$\boldsymbol{v}_{12}^{\mathrm{n}} = (\boldsymbol{v}_{12} \cdot \boldsymbol{n})\boldsymbol{n} \tag{4-59}$$

切向分量为：

$$\boldsymbol{v}_{12}^{\mathrm{t}} = \boldsymbol{v}_{12} - \boldsymbol{v}_{12}^{\mathrm{n}} \tag{4-60}$$

若颗粒不发生旋转，碰撞前后的切向分量不变，则：

$$(\boldsymbol{v}_{12}^{\mathrm{t}})' = \boldsymbol{v}_{12}^{\mathrm{t}} \tag{4-61}$$

将颗粒的法向碰撞等效为一维碰撞，则法向碰撞后的速度为：

$$\boldsymbol{v}' = -e\boldsymbol{v} \tag{4-62}$$

两颗粒碰撞后的速度为：

$$\begin{cases} \boldsymbol{v}'_1 = \boldsymbol{v}_1 - \dfrac{m^*}{m_1}(1+e)(\boldsymbol{v}_{12} \cdot \boldsymbol{n})\boldsymbol{n} \\[3mm] \boldsymbol{v}'_2 = \boldsymbol{v}_2 + \dfrac{m^*}{m_2}(1+e)(\boldsymbol{v}_{12} \cdot \boldsymbol{n})\boldsymbol{n} \end{cases} \tag{4-63}$$

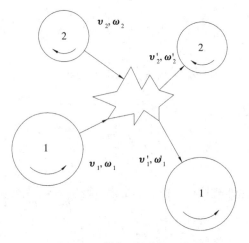

图 4-4　颗粒三维碰撞示意图

4.5　离散元法的求解过程

在分析处理连续介质力学问题时,除满足边界条件外,还需满足本构方程、平衡方程和形变协调方程。本构方程也就是物理方程,颗粒在发生运动的过程中会受到周围接触颗粒的阻力作用,其位移与阻力的关系在离散元法中可以用物理方程进行描述,存在线性和非线性两种关系。离散元法通过循环计算的方式,根据颗粒间的相互作用和牛顿运动定律可以预测离散体的轨迹。

循环计算的主要步骤为:

(1)颗粒间的接触力和相对位移可以由作用力、反作用力原理和相邻颗粒间的接触模型确定。

(2)相邻颗粒间由于存在相对位移,所以通过牛顿第二定律确定新的不平衡力,直至达到要求的循环次数或颗粒移动逐渐趋于稳定或颗粒受力趋于平衡。

　　颗粒系统中的每个颗粒单元将按照时步迭代的方式完成以上计算,直至所有颗粒都不存在不平衡力和不平衡力矩为止。

　　离散元法对颗粒物质的描述建立在牛顿第二定律基础上。颗粒离散元法基于软球模型和硬球模型。基于软球模型的颗粒离散元法计算过程为:首先依据颗粒间的重叠量计算颗粒间的接触力,并更新每个颗粒的速度和位置变化,然后利用显式求解法求解动力问题或利用动态松弛法求解静力问题,从而确定性地推演至整个颗粒系统。基于硬球模型的颗粒离散元法计算过程较为简单,颗粒发生碰撞后的速度由相关公式计算,不需要进行接触力的计算。

　　工业生产过程中颗粒的运动行为可以在不进行可靠理论分析的基础上,直接应用离散元法进行模拟分析,从而有效地设计和优化设备;利用离散元法模拟代替部分危险且费时费力的实验,增加了实验的安全性,节约了资源成本;通过离散元法模拟能够获取实验难以直接测得的数据。因此,离散元法在实际工程应用中具有显著的优势。

第5章　结构场仿真案例

结构场是计算机仿真应用最广泛的物理场之一,结构场的仿真方法和仿真类型也是最丰富的。本章介绍了小麦脱粒机离心风机叶轮的力学特性仿真、ADB610钢疲劳裂纹扩展仿真以及基于SPH的深松铲工作过程仿真。

5.1　小麦脱粒机离心风机叶轮的力学特性仿真

离心风机在农业生产中具有广泛的应用。叶轮是离心风机的主要部件之一,对离心风机的性能有很大影响。离心风机在小麦脱粒机中的作用为:利用麦粒与麦糠密度的不同,通过一定速度的气流将麦粒和麦糠分离。由于受到小麦脱粒机整体结构的限制,离心风机的尺寸不能太大,为了满足工作需求,可以通过提高转速来增大风速。但随着转速的提高,叶轮将承受更大的离心力,容易产生塑性形变和撕裂等问题,增加了机器的报废概率和安全隐患。

采用ANSYS Workbench有限元分析软件对某型号小麦脱粒机离心风机的叶轮进行静力学分析和模态分析,得到其静力作用下的等效应力云图、等效应变云图、总形变量云图以及各阶模态的振动频率和振型。分析结果验证了叶轮工作的安全性,并为后续的优化设计提供了理论依据。

5.1.1　叶轮模型

使用Creo参数化建模软件建立叶轮的三维模型,Creo是一款三维建模软件,它整合了Pro/ENGINEER、CoCreate和ProductView三大软件,具备互操作性、开放、易用三大优点。叶轮由一个轮盘和六个叶片组成,其主要结构和材料参数分别如表5-1和表5-2所示。

表 5-1　叶轮主要结构参数

参数名称	数值
叶轮外径/mm	284.0
叶轮内径/mm	122.0
叶轮厚度/mm	2.6
叶片数/个	6
叶片厚度/mm	2.0
叶片高度/mm	70.0
叶片进口安装角/(°)	69.0
叶片出口安装角/(°)	121.0
角速度/(rad·s^{-1})	137.0

表 5-2　叶轮材料参数

材料名称	弹性模量/GPa	泊松比	屈服强度/MPa	抗拉强度/MPa	密度/(kg·m^{-3})
QSTE420T	200	0.30	420	480	7.85×10^3

叶轮的轮盘和叶片是通过焊接固定在一起的,但这里不考虑焊接对叶轮的影响,建模时可认为二者是一体的。叶轮的边缘都不是直角,但是在满足分析精度要求的情况下,为了简化计算,将所有的倒角简化为直角。经过合理简化的叶轮三维模型如图 5-1 所示。

图 5-1　简化的叶轮模型

建模后,将建模软件 Creo 默认的 PRT 格式的叶轮模型文件转化为 IGS 格式的文件,并导入到 ANSYS Workbench 中,如图 5-2 所示。虽然可以向 ANSYS

Workbench 中导入 PRT 格式的文件,但是受到软件版本的限制,不一定能成功导入。IGS 是 CAD 文件的一种通用格式,主要用于不同三维软件系统的文件转换,可以有效地避免模型不能成功导入带来的麻烦。

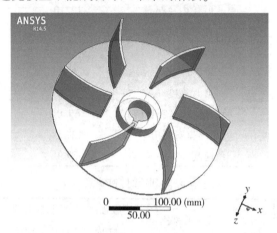

图 5-2　导入到 ANSYS Workbench 中的叶轮模型

ANSYS Workbench 提供了强大的数据管理功能,分析过程中的数据可以在不同的分析项目中共享或传递,叶轮的静力学分析和预应力模态分析可以共享材料、模型和网格划分等信息,静力学分析结果还可以直接传递给预应力模态分析,并作为其分析条件。分析项目及其关系如图 5-3 所示。

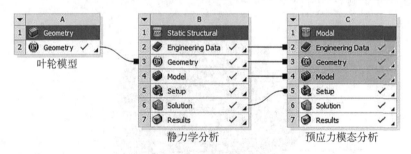

图 5-3　分析项目及关系

5.1.2　静力学分析

(1)静力学分析原理

在经典力学中,物体的动力学方程为:

$$[M]\{\ddot{x}\} + [C]\{\dot{x}\} + [K]\{x\} = \{F\} \tag{5-1}$$

式中，[**M**]为质量矩阵，[**C**]为阻尼矩阵，[**K**]为刚度系数矩阵，{**x**}为位移矢量，{**F**}为力矢量。在线性静态结构分析中，力与时间无关，所以{**x**}可以由下式得出：

$$[K]\{x\} = \{F\} \tag{5-2}$$

在静力学分析中，载荷的种类主要有外部作用力和压力、稳态惯性力、位移载荷及温度载荷等。

（2）材料定义与网格划分

ANSYS Workbench 不仅提供了工程常用材料及其相关参数，同时也允许用户在材料库中建立自己的材料类型。根据需要，在 ANSYS Workbench 中定义一种名称为 QSTE420T 的材料，其弹性模量为 200 GPa、泊松比为 0.30、屈服强度为 420 MPa、抗拉强度为 480 MPa、密度为 7.85×10^3 kg/m³，并将叶轮模型定义为此材料。

网格的结构和疏密程度直接影响计算的精度，网格疏密度的增加会增加计算机的计算时间和储存空间。较为理想的情况是，分析结果不随网格疏密度的改变而改变，但是细化网格不能消除不准确的假设和输入引起的错误。

在 ANSYS Workbench 中，网格的划分方法主要包括自动网格划分法、四面体网格划分法、六面体主导网格划分法和扫掠法等。本案例采用自动网格划分法，并添加一些控制参数来对叶轮进行网格划分，得到的有限元网格划分模型如图 5-4 所示，共有 212 682 个节点，120 825 个单元。

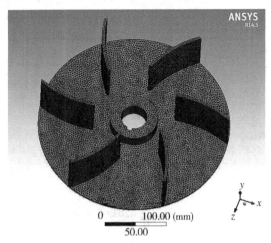

图 5-4　叶轮的有限元网格划分模型

ANSYS Workbench 在提供强大的网格划分方法的同时,也提供了相关的网格统计及质量评估的方法,可以评估单元质量、雅可比比率、平行偏差和偏斜等。Skewness 是网格质量评估的主要方法之一,包括两种算法,即 Equilateral-Volume-Based Skewness 和 Normalized Equiangular Skewness。其值位于 0 到 1 之间,0 代表最好,1 代表最差。

(3)施加工作载荷与约束

叶轮在工作中主要受到离心力和气动力的作用,但是气动力对叶轮产生的影响比离心力产生的影响要小的多,所以这里只考虑离心力对叶轮的作用。

在案例中,由于不考虑叶轮轴孔与轴的相互作用,因此可以直接在模型上施加工作角速度载荷,以提供稳态惯性力(离心力)。

与叶轮连接的传动轴同时也是叶轮的支撑轴。在其约束下,叶轮只有绕 y 轴转动的自由度,在 ANSYS Workbench 中可以利用一个圆柱面约束和 y 方向位移约束来模拟叶轮在工作时的约束情况。

(4)静力学分析结果

经过计算求解后,通过后处理模块处理计算结果,得到叶轮在工作时的等效应力云图、等效应变云图和总形变量云图。

图 5-5 为叶轮的等效应力云图。从图中可以看出,在圆周方向上,应力分布可以看成由六个相似的部分组成。叶轮的应力主要集中在叶片内侧与叶轮的连接处以及轴孔台肩的周围,最大值为 204.2 MPa,小于材料的屈服强度 420 MPa。

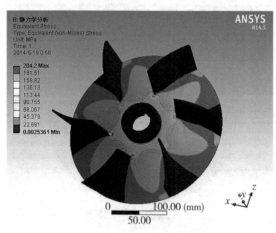

图 5-5　叶轮的等效应力云图

图 5-6 和图 5-7 分别是叶轮的等效应变云图和总形变量云图。从等效应变云图中可以看出,应力较集中的地方也是应变较大的地方,应变的最大值为 1.38×10^{-3} mm/mm。在总形变量云图中,位移沿径向呈圆环状分布,最大位移出现在轮盘边缘和叶片外侧边缘,最大的位移为 1.67 mm。

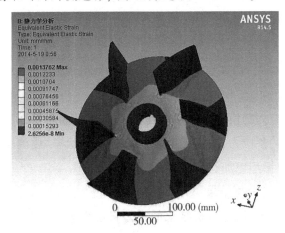

图 5-6　叶轮的等效应变云图

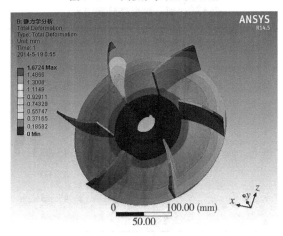

图 5-7　叶轮的总形变量云图

5.1.3　模态分析

(1)模态分析原理

模态分析是研究机械结构动力特性、振动特性和动态优化设计常用的方法。模态是机械结构的固有特性,每个结构都有多个模态,每个模态都有对应

的振动频率 ω_i 和模态振型 $\{\boldsymbol{\phi}_i\}$，它们可以通过下式计算：

$$([K] - \omega_i^2[M])\{\boldsymbol{\phi}_i\} = 0 \tag{5-3}$$

式中，$[K]$ 为刚度系数矩阵、$[M]$ 为质量矩阵，都假设为定值。

模态是由结构的几何形状、材料特性和约束形式决定的。本案例将利用在静力学中分析的载荷和约束，对叶轮进行预应力模态分析。预应力模态计算方程为：

$$([K] + [S] - \omega_i^2[M])\{\boldsymbol{\phi}_i\} = 0 \tag{5-4}$$

式中，$[S]$ 为预应力状态下的初始应力矩阵。

与不考虑预应力的模态分析相比，预应力模态分析考虑了静力学分析结果以及单元和节点的预应力，更接近叶轮实际的工作状态，使模态分析结果更加精确，反映的模态振型更加真实。

(2)预应力模态分析结果

随着阶数的增大，模态分析结果的误差将会变大。本案例根据需要，采用 Block Lanczos 法只提取叶轮的前八阶模态，分析结果如表 5-3 所示。

表 5-3　前八阶模态分析结果

阶	频率/Hz	最大值（位移比值）
1	116.01	49.73
2	116.03	47.18
3	120.33	36.44
4	147.32	47.95
5	147.34	45.03
6	232.18	42.60
7	249.59	48.43
8	342.81	60.23

图 5-8 和图 5-9 分别是叶轮的一阶模态振型云图和二阶模态振型云图。它们的振动频率比较接近，应该是振动方程的二重根，这种情况出现在对称结构的模态分析中是正常的。它们的振型也是相似的，只是共振时存在一个相位差。在这两阶模态下，叶轮的振型可以看成由两个近似对称的部分组成，离对称线的距离越大，其位移越大。ANSYS Workbench 默认的是关于质量矩阵归一化的模态，图中所示的数值大小，并不是真实的位移尺寸，只是各点位移的

比值。

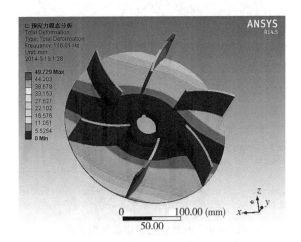

图 5-8　叶轮的一阶模态振型云图

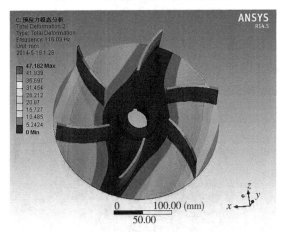

图 5-9　叶轮的二阶模态振型云图

图 5-10 是叶轮的三阶模态振型云图。其径向位移逐渐增大,并沿径向呈圆环状分布,最大位移出现在叶轮边缘和叶片外侧边缘。

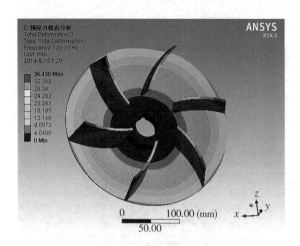

图 5-10   叶轮的三阶模态振型云图

图 5-11 和图 5-12 分别是叶轮的四阶模态振型云图和五阶模态振型云图。它们的振动频率相同,应该是振动方程的二重根。它们的振型也是相似的,只是共振时存在一个相位差。叶片的最大位移出现在其外侧边缘,轮盘的最大位移出现在轮盘边缘的四个区域,这四个区域两两近似对称,其对称轴近似垂直。

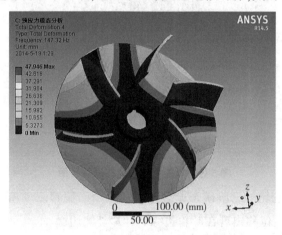

图 5-11   叶轮的四阶模态振型云图

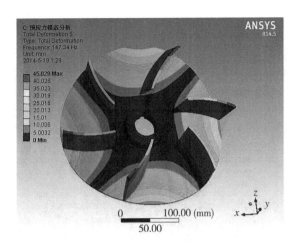

图 5-12 叶轮的五阶模态振型云图

图 5-13 是叶轮的六阶模态振型云图。整个云图可以看成由六个相似的部分组成,每一部分的最大位移出现在叶片外侧边缘。

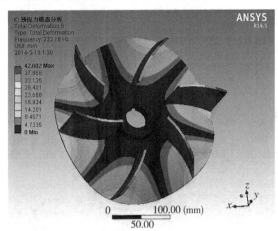

图 5-13 叶轮的六阶模态振型云图

图 5-14 是叶轮的七阶模态振型云图。轮盘的位移分布与六阶模态相似,六个叶片的位移分布也是相似的,最大位移出现在叶片上侧边缘。

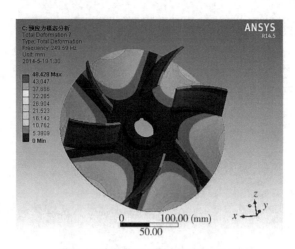

图 5-14　叶轮的七阶模态振型云图

图 5-15 是叶轮的八阶模态振型云图。在圆周方向上,轮盘可以看成由八个相似的部分组成,在对称位置上的两个叶片的振型也是相似的,最大位移出现在叶片外侧边缘。

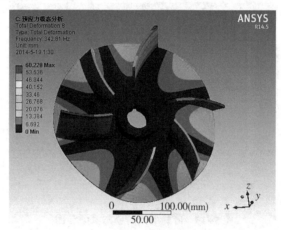

图 5-15　叶轮的八阶模态振型云图

离心风机叶轮的干扰频率和风机的转速有关,干扰频率和转速的关系式为:

$$n = 60f \tag{5-5}$$

式中,n 为转速(r/min),f 为干扰频率(Hz)。

本叶轮的角速度是 137 rad/s,由式(5-5)可得,叶轮的干扰频率为 21.82 Hz。

干扰频率远小于叶轮前八阶模态的振动频率。由模态分析可知,叶轮工作时有效地避免了共振现象的出现,保证了安全性。

5.2　ADB610 钢疲劳裂纹扩展仿真

材料或构件的损坏主要是疲劳裂纹扩展所导致的,因此疲劳裂纹常常被当成重点关注对象。由于材料的一些常数(例如疲劳裂纹扩展性能常数)很难通过解析的方式给出,因此不少学者利用试验的方式来研究材料的相关常数与疲劳裂纹扩展速率之间的关系。对于传统的金属材料,应力-寿命(S-N)曲线通常是在光滑、无裂纹的试验条件下获得的。但实际上,不论材料是否接受过加工或者受到过其他的外因(如划伤、撞击和酸碱作用等)作用,都可能产生形貌不一的裂纹。

5.2.1　扩展有限元法

有限元法是现今解决工程问题最有效的一种仿真方法,相比其他仿真方法,有限元法对于任意形状、材料性质、边界条件的研究对象都能有效处理。然而在某些特殊的情形下,例如遇到计算间断不连续的问题时,有限元法也会存在一些缺陷。对于裂纹网格划分问题,如果想在裂纹前沿部位划分得非常细致,那么带来的后果是计算量大增;如果想较为精确地求解裂纹动态扩展过程这类高度形变的问题,有限元法的网格可能会发生高度扭曲形变,从而使计算量大增,甚至精度严重偏离预期,最终导致计算失败;如果想模拟出动态裂纹扩展的过程,则必须不停地进行网格重划分,这样会使人为工作量大增。

为了克服以上缺点,美国西北大学的 Beleytachko 小组提供了解决不连续情形的有限元法,即扩展有限元法(Extended Finite Element Method,XFEM)。在分析连续区域时,XFEM 和有限元法是同效的;在分析不连续区域时,XFEM 会对单元内部的位移函数进行修正以描述不连续部位。在单元内部的位移函数里再添加可以反映现实不连续问题的函数,即富集函数(Enrichment Functions),以此来提升计算的准确性。同时,XFEM 会采取水平集法(Level Set Method)与快速推进法(Fast Marching Method)来描述不连续面,这可以让不连续面独立于有限元网格,无须对网格进行重划分。

5.2.2　分析预处理

(1)疲劳寿命的计算方法

为确保计算的稳定性和效率,这里采用分步累加的方式来计算裂纹的循环寿命。分步累加其实就是预先设定好步数 n 及步长 Δa,然后将每一步长 Δa_i 下计算得到的循环次数 N_i 全部相加(即所有步数 $\sum n_i$ 下的循环次数 $\sum N_i$),最后得到总体循环次数 N。需要说明的是,Δa 应取适当值,根据试样尺寸,这里的 Δa 步长增量取 0.1 mm,初始裂纹 a 为 15 mm,计算时应直接从 15 mm 处开始。当裂纹扩展到某一长度时,分别计算出即时的应力强度因子范围 ΔK。当步数结束时,整个计算也随之结束。

在扩展有限元法模拟疲劳裂纹扩展的基础上,基于 ANSYS 软件,采用 APDL 语言进行疲劳裂纹扩展寿命的估算,分步计算流程如图 5-16 所示。

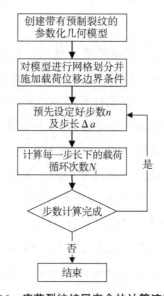

图 5-16　疲劳裂纹扩展寿命的计算流程

(2)模型材料参数

由于仿真所用的紧凑拉伸试样(CT 试样)为均质材料,因此本模型可将其看作各向同性材料,并且其在疲劳裂纹扩展平稳期是线弹性的,此时有限元模型的材料参数如表 5-4 所示。

表 5-4 CT 试样材料参数

屈服强度/MPa	断裂韧性/(MPa·m$^{1/2}$)	弹性模量/GPa	泊松比
580	100	210	0.30

（3）含有裂纹的 CT 试样的扩展有限元模型建立

在 CT 试样建模时，尖嘴处需要进行调整。因为在划分网格时，尖嘴处的裂纹可能会处于网格之间，在这种情况下进行裂纹扩展，扩展有限元法可能会失去意义。因此，在网格划分后最好让预制裂纹或裂纹扩展的路径处于网格内部，以保证扩展有限元法的有效性。经过微调的 CT 试样的扩展有限元模型如图 5-17 所示。

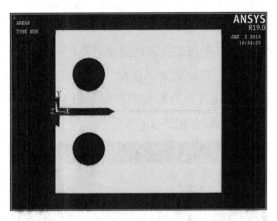

图 5-17 CT 试样的扩展有限元模型

（4）扩展有限元模型的网络划分

扩展有限元法无需为保证计算精度而在裂纹前沿处划分细密的网格，因为即使其网格划分大于普通有限元法，精度仍较高，且网格细密到一定程度时，计算值不再随网格细密程度变化。为了得到较好的计算精度，同时避免网格划分过细消耗更多的时间去模拟计算，本模型网格控制在 2 mm，可能发生裂纹扩展的区域划分为 0.2 mm，单元类型采用 PLANE182。CT 试样的扩展有限元模型的网格划分如图 5-18 所示。

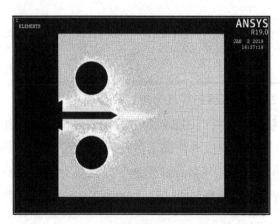

图 5-18 CT 试样的扩展有限元模型网格划分

(5)边界约束

在有限元模型中,对一个加载孔进行固定约束(即各方向位移为 0)。由于模型属于平面问题,加载孔与加载轴的接触可认为是线接触,并且加载方式为纯 K-1 型,因此垂直方向没有力与摩擦的作用。根据试验条件的约束,还需对加载轴 x 方向进行固定约束,如图 5-19 所示。

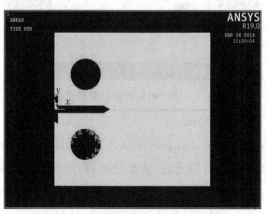

图 5-19 CT 试样的固定约束示意图

5.2.3 仿真结果分析

对有限元模型的下加载孔进行固定约束,对上加载孔进行载荷的加载,载荷类型为恒幅循环,最大载荷 P_{max} 分别为 12.0 kN、12.5 kN、15.0 kN,应力比 r 为 0.1,载荷频率 f 为 30 Hz,初始裂纹 a 取 15 mm。

等效应力分析结果如图 5-20 所示。当裂纹为 15 mm 时,在带有裂纹缺陷的 CT 试样模型中,因为裂纹前沿的应力聚集,所以裂纹前沿周边小部分区域产生屈服现象。经扩展有限元法计算,在这一区域中裂纹前沿最大的等效应力约为 636.35 MPa,大于材料的屈服强度 580 MPa,说明符合裂纹扩展的临界条件。此外,从图 5-20 中还能观察到,应力集中区只占试样的一小部分,并且应力梯度较大,符合实际情形。

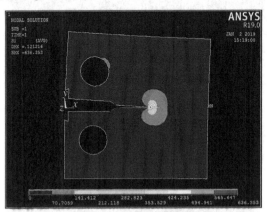

图 5-20　裂纹为 15 mm 时的等效应力分析结果

应变分析结果如图 5-21 所示。当裂纹为 15 mm 时,在带有裂纹缺陷的 CT 试样模型中,主应变的最大值产生于应力集中区。通过扩展有限元法计算,此时的最大应变约为 $2.37×10^{-3}$ mm/mm。

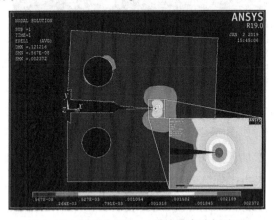

图 5-21　裂纹为 15 mm 时的应变分析结果

如图 5-22 所示,当裂纹扩展到 25 mm 时,在 CT 试样的底边(即沿裂纹路径方向向前的终边)中部,由于裂纹扩展已经产生应力逐渐集中的现象,此时裂纹前沿部分区域最大应力为 994 MPa,较裂纹为 15 mm 时高出约 358 MPa,说明裂纹扩展速率较之前加快。原因是 CT 试样在外部循环载荷的作用下,裂纹不断扩展,试样受力区域逐渐减小,裂纹前沿的应力逐渐升高,进而裂纹扩展速率也随之升高。如图 5-23 所示,此时的最大应变约为 5.97×10^{-3} mm/mm。

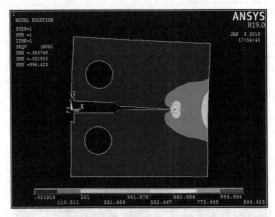

图 5-22　裂纹为 25 mm 时的等效应力分析结果

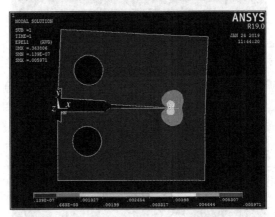

图 5-23　裂纹为 25 mm 时的应变分析结果

　　裂纹继续扩展,如图 5-24 所示,当裂纹为 32 mm 时,在 CT 试样的底边中部,裂纹扩展长度增加使受力区域进一步减小,应力集中的现象越来越明显。从图中可以看出,底边中部已经产生较高应力集中区。可以预测裂纹若是继续扩展,此处的应力值将会急速升高,随后裂纹将扩展至此处,最终发生断裂。

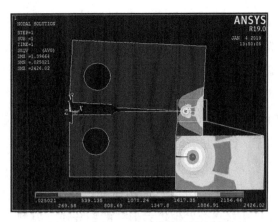

图 5-24 裂纹为 32 mm 时的等效应力分析结果

5.3 基于 SPH 的深松铲工作过程仿真

深松铲在工作过程中,利用拖拉机提供的牵引动力将土壤切碎。虽然不同深松铲的碎土过程有所不同,但是深松铲的工作过程大多可以简化为土壤切削问题。土壤切削是一个非常复杂的过程,这主要是因为土壤材料是非线性的,深松铲和土壤之间的接触类型也是非线性的,利用解决线性问题的方法来解决土壤切削问题是很困难的。目前解决非线性问题的方法已经非常成熟,ANSYS/LS-DYNA 就是一个应用十分广泛的显式非线性有限元软件平台。本案例使用 ANSYS/LS-DYNA 对深松过程进行仿真,并对仿真结果进行分析,总结深松过程中土壤形变、能量和功耗等特性的变化情况。

5.3.1 SPH 的基本原理

光滑粒子动力学(SPH)算法是一种较为成熟的无网格法,国内外已经有很多学者将 SPH 算法应用于土壤问题的分析中。在 SPH 算法中,没有传统有限元网格出现,也就是说,利用 SPH 算法处理大形变问题时,不会因为网格畸变而影响分析结果的精度。SPH 算法也是拉格朗日方法之一,其优势在于能精确地分析高速碰撞、大形变等高度非线性问题,但其在边界约束处理方面有一定的缺陷。

SPH 算法的核心基础是插值理论。在 SPH 算法中所有的物体都被离散成一系列连续的粒子,这些粒子携带了物体所有的物理量。在计算的过程中,只计算离散粒子的相关信息,然后使用插值核函数对离散临近的粒子进行积分。通过分部积分把物理量的空间导数转化为核函数进行求导,不需要按照传统有限元法对网格节点进行计算。

虽然利用 SPH 算法能有效解决土壤形变问题,但是它在解决大形变问题时,计算效率并不高。多种方法耦合是仿真中常用的一种方法,将不同的分析方法耦合到一起,让不同分析方法的优缺点互补,进而更好地解决问题。FE/SPH 是有限元网格与 SPH 的耦合,当研究模型的规模较大而形变部分少时,可以利用 SPH 算法对将会发生较大形变的部分建立模型,利用有限元网格对其他部分建立模型,进而在保证模型求解精度的前提下提高求解效率。

SPH 粒子与有限元单元节点的耦合方式有很多。对于侵彻问题,常用的耦合方式是将 SPH 粒子耦合连接到有限元单元节点上,这时每个 SPH 粒子相当于一个单元节点,如图 5-25 所示。

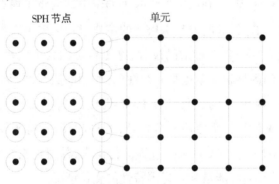

图 5-25　SPH 与节点耦合

5.3.2　分析条件与过程

(1)分析对象

分析对象为弯曲式铲柄和凿型铲头组成的深松铲,铲柄和铲头通过螺栓连接在一起。

铲柄的结构可以分为三部分:直立部、后掠部和弯曲部。直立部上设有孔结构,方便用螺栓将其安装到深松机机架上;后掠部能有效减少深松铲的体积;弯曲部的主要作用是固定铲头,当深松铲工作时,弯曲部与土壤进行接触,对土壤进行切削。铲柄的结构及主要尺寸参数如图 5-26 所示。其中,铲头入土角 δ 为 23°,铲柄切削刃刃角 α 为 60°,铲柄厚度 S 为 30 mm,铲头宽度 b 为 30 mm。

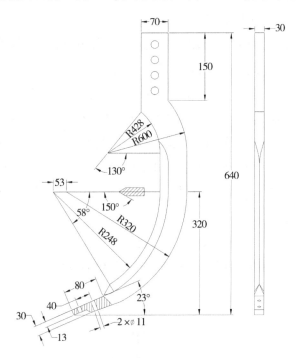

长度单位:mm

图 5-26　产柄结构示意图

铲头为长方体,并带有锲角,铲头的结构及主要尺寸参数如图 5-27 所示。

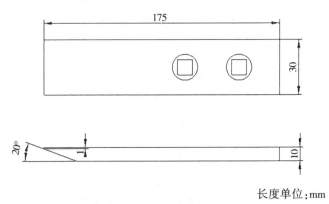

长度单位:mm

图 5-27　铲头结构示意图

　　由于在 ANSYS 中直接建立分析对象的三维模型较为困难,因此首先利用三维参数化建模软件 Creo 建立深松铲的模型以供后续分析使用。

　　因为本案例研究的主要问题是深松铲与土壤之间的相互作用,不研究深松铲的强度问题,所以在建模时可以将深松铲的结构进行简化,简化是在不影响仿真结果准确性的基础上进行的。采用的简化方法主要为:

　　①将铲柄和铲头合并,将二者作为同一个零件来建模,不再利用螺栓将二者固定在一起,这样既降低了建模的难度,又极大地减少了仿真的时间。

　　②将对分析结果没有影响的结构去掉,如铲柄直立部的固定孔,因为它只起到固定作用,不与土壤接触,所以对分析结果没有影响。去掉不必要的结构能更容易地划分出良好的网格,对提高分析精度和节约分析时间都有较大的帮助。

　　根据上述简化方法,利用 Creo 软件建立的深松铲三维模型如图 5-28 所示。建模完成后,将模型保存成 IGS 格式的文件供后续分析过程使用。

图 5-28　深松铲的三维模型

(2)模型材料

　　从材料上来看,整个分析模型可以分为深松铲模型和土壤模型两部分,深松铲模型使用的材料是 65Mn,其材料参数如表 5-5 所示。

表 5-5　深松铲材料参数

材料名称	密度/(kg·m⁻³)	弹性模量/GPa	泊松比
65Mn	7 830	207	0.35

　　土壤模型使用的是由 LS-DYNA 提供的 MAT147(MAT_FHWA_SOIL)材料,MAT147 材料是一种基于修正的 Drucken_Prager 模型的塑性材料。本案例参考相关学者测量使用的 MAT147 材料,最终选择的模型材料参数为:

①MAT147 材料土壤的基本物理特性参数取值如表 5-6 所示。

表 5-6　土壤基本物理特性参数

土壤密度 R_0/ （kg·m^{-3}）	土粒相对密度 Spgrav	剪切模量 G/ Pa	含水量 Mcont/ %	体积模量 K/ Pa
2 082.00	2.68	2.00×10^7	3.40	3.50×10^7

②MAT147 材料的土壤塑性特性参数取值如表 5-7 所示。

表 5-7　土壤塑性特性参数

内摩擦角 Phimax/rad	屈服面系数 Ahyp/Pa	内聚力 Coh/Pa	第三不变量效应的偏心参数 Eccen
0.44	360.00	2.20×10^4	0.70

③MAT147 材料的表征应变强化参数与应变软化参数取值如表 5-8 所示。

表 5-8　表征应变强化参数与应变软化参数

应变强化参数 An/%	应变强化参数 Et/%	初始破坏极限点的 体积应变 Dint/Pa	失效能量 Vdfm/J	最小摩擦角 Phires/rad
0	0	2.50×10^{-3}	5.00×10^{-3}	0

④MAT147 材料的表征单元删除参数及其他参数取值如表 5-9 所示。

表 5-9　表征单元删除参数及其他参数

单元破坏的水平 比率 Damlev/%	最主要的应变失效 极值 Epsmax	土壤模型信息 绘图选择 Nplot	水密度 Rhowat/ （kg·m^{-3}）	最大迭代次数 Itermax
0.99	0.80	1	1 000.00	10

⑤MAT147 材料含孔隙水效应与应变率效应造成的力强化特性参数取值如表 5-10 所示。

表 5-10　含孔隙水效应与应变率效应造成的力强化特性参数

孔隙水体效应 对体积模量的 影响参数 Pwd1	孔隙水体效应 对有效压力的 影响参数 Pwd2	基本的空隙水 效应体积模量 PwKsk	粘塑性参数 Vn	粘塑性参数 Gammar
0	0	0	1.10	0

（3）建立仿真模型

利用 FE/SPH 法解决土壤切削问题是非常有效的,本案例采用 FE/SPH 法对问题进行研究。由于 FE/SPH 法所涉及的建模过程较为复杂,因此,利用 ANSYS 与 LS-DYNA 联合的方式完成建模。

①利用 ANSYS 初步建立模型

ANSYS 由多个模块组成,使用 ANSYS 中的 LS-DYNA 模块,需要先打开"Mechanical APDL Product Launcher",在"Mechanical APDL Product Launcher"中将许可证改为"ANSYS Multiphysics/LS-DYNA",然后设定相应的工作目录,再在"Mechanical APDL Product Launcher"中单击"Run",即可启动"ANSYS Multiphysics/LS-DYNA Utility Menu",如图 5-29 所示。

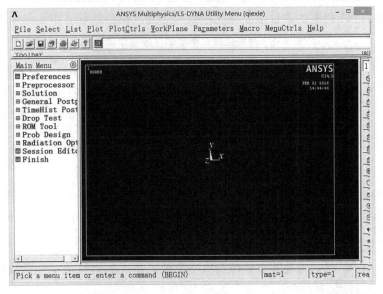

图 5-29　ANSYS Multiphysics/LS-DYNA Utility Menu 的初始界面

整个分析模型中共含有两个分析对象:土壤和深松铲。深松铲的三维参数化模型已经通过 Creo 建立,可以直接使用。ANSYS 不仅配备良好的交互式建模界面,而且允许用户直接从外界导入相关格式的几何模型。由于深松铲的外形较为复杂,很难在 ANSYS 中直接建立深松铲模型,所以本案例选择从外界向 ANSYS 中导入深松铲模型,如图 5-30 所示。

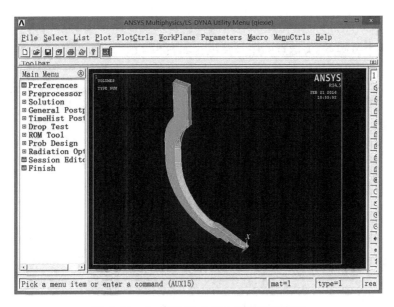

图 5-30　向 ANSYS 中导入的深松铲模型

土壤模型的形状是一个长方体,其长、宽、高分别为 0.4 m、0.2 m、1.2 m。采用 FE/SPH 法对深松铲切削土壤的问题进行研究,也就是说土壤模型中既含有传统的有限元网格,也包括 SPH 粒子。为了建立同时含有传统有限元网格和 SPH 粒子的土壤模型,需要先建立有限元网格附着的几何模型,该部分模型的结构简图如图 5-31 所示。

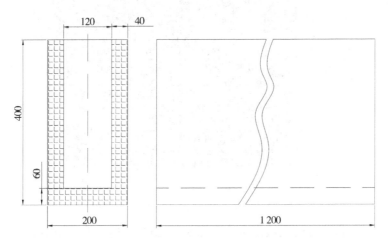

图 5-31　有限元网格部分几何模型的结构简图(单位:mm)

在如图 5-32 所示的 ANSYS 界面中继续建立有限元网格部分的几何模型,

利用"点线面体"的方法建立该部分模型。首先在界面中建立几何模型一个侧面上的八个关键点,关键点的序号及位置如表 5-11 所示。

表 5-11　土壤模型侧面的八个关键点

序号	x	y	z
1001	−0.06	0	−0.06
1002	0.30	0	−0.06
1003	0.30	0	−0.10
1004	−0.10	0	−0.10
1005	−0.10	0	0.10
1006	0.30	0	0.10
1007	0.30	0	0.06
1008	−0.06	0	0.06

在八个关键点之间建立直线,然后将直线连接建立一个平面,并对所建立的平面进行拉伸操作,即可建立有限元网格部分的土壤几何模型,如图 5-32 所示。

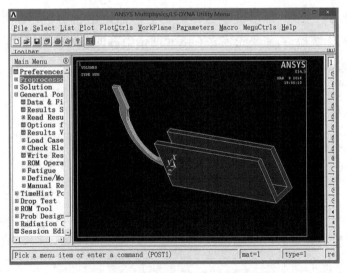

图 5-32　有限元网格部分的土壤几何模型

有限元网格部分的土壤模型建立完成后,整个模型还缺少 SPH 部分。由于 SPH 模型需要在 LS-PrePost 中建立,所以将在后续章节中介绍 SPH 部分模型的建立。

②定义材料和单元类型并划分网格

模型材料已经在上一节中进行了选择,并明确给出了相应的材料参数,只需要在 ANSYS 所提供的材料模型中将参数输入即可。需要注意的是,由于整个模型是由两种材料组成的,所以需要建立两种材料模型。ANSYS 没有提供 MAT147 的材料模型,一般是通过在 LS-PrePost 中修改或者修改 K 文件来添加 MAT147 材料,但是为了方便建模,首先在 ANSYS 中预先定义一种材料代替 MAT147 进行网格划分。由于本案例不考虑深松铲的应力和形变情况,所以将深松铲的材料定义为刚体。

LS-DYNA 在解决非线性动力学问题时采用的是单点高斯积分方法。这种方法既可以节省计算时间,也非常有利于解决一般大形变问题。但是单点高斯积分非常容易出现沙漏模式,也就是零能模式。沙漏模式会呈现一种在数学上稳定而在物理场中无法成立的状态。

沙漏模式是一种对分析结果极具破坏性的现象。在分析过程中出现沙漏模式会导致分析结果无效,所以应尽量避免沙漏模式的出现,主要方法有以下几种:从整体上调整模型的黏度来减少沙漏模式的出现;通过整体增加刚度或黏性阻尼来减少沙漏模式的出现;使用全积分单元来避免沙漏模式的出现。

土壤单元定义为 SOLID164。它是八节点六面体单元,为避免沙漏能的产生,采用全积分算法。

材料定义完成后,即可创建零件。创建零件是预处理必要的一步,本案例涉及两个零件,如图 5-33 所示。

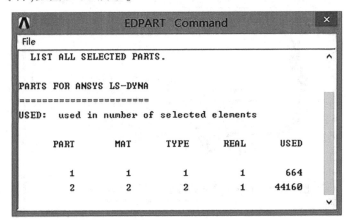

图 5-33　创建的零件

网格的结构和密度等因素对求解结果的精度影响非常大。由于深松铲的结构含有曲面,所以采用四面体网格对其进行划分,已将深松铲定义为刚体,其网格质量不影响分析结果的精度。由于土壤模型较为规则,因此采用六面体网格对其进行划分更能提高计算效率和精度。完成网格划分的模型如图 5-34 所示。

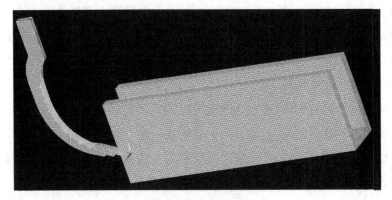

图 5-34　网格模型

建立完有限元网格模型后,将所建立的模型转入到 LS-PrePost 中继续设置仿真条件。ANSYS 与 LS-PrePost 之间是通过 K 文件进行交互的,将在 ANSYS 中建立的模型保存成 K 文件,即可导入到 LS-PrePost 中。

(4)增加模型参数

①建立 SHP 粒子模型

将图 5-34 所示的模型保存成 K 文件并导入到 LS-PrePost 中,如图 5-35 所示。

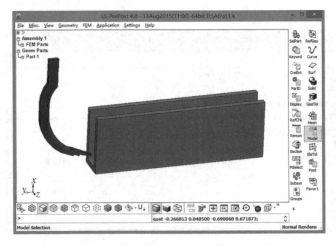

图 5-35　导入到 LS-PrePost 中的模型

在 LS-PrePost 中可以很方便地建立 SPH 粒子模型,SPH 模型的长、宽、高分别为 0.4 m、0.2 m、1.2 m,SPH 在三个方向上的数量分别为 12、36、120,密度为 2 082 kg/m³,建立的 SHP 粒子模型如图 5-36 所示。

图 5-36　建立的 SPH 粒子模型

SHP 粒子模型建立完成后,还需要指定边界条件、运动速度和材料等参数。一般有两种方式可以继续对分析模型进行编辑,即直接修改 K 文件和在 LS-PrePost 中修改关键字。为了方便表述,本案例采用修改 K 文件的方法继续对模型进行修改。

修改时要对模型施加约束,约束的作用位置一般是几何面和节点等。为了方便 K 文件的修改,需要用 LS-PrePost 对约束和载荷等作用元素进行定义。这里定义了两个节点集合和三个面集合:SET_NODE_LIST 1(节点集合 1)、SET_NODE_LIST 2(节点集合 2)、SET_SEGMENT 1(面集合 1)、SET_SEGMENT 2(面集合 2)、SET_SEGMENT 3(面集合 3),如图 5-37 所示。

（a）SET_NODE_LIST 1(节点集合 1)　　　（b）SET_NODE_LIST 2(节点集合 2)

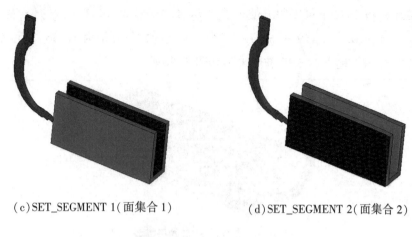

（c）SET_SEGMENT 1（面集合 1）　　　　（d）SET_SEGMENT 2（面集合 2）

（e）SET_SEGMENT 3（面集合 3）

图 5-37　定义的节点集合和面集合

②增加约束和载荷参数

将在 LS-PrePost 中修改的模型再次保存成 K 文件。由于 K 文件是一种文本类文件,且 K 文件关键字中的参数是有序排列的,如果使用记事本打开 K 文件会产生乱码现象,所以本案例使用 UltraEdit 软件对 K 文件进行修改。修改 K 文件会涉及较多的参数,为了节约篇幅,一些采用默认参数的关键字没有给出。

A. 定义能量控制

在 LS-DYNA 中进行显式求解时,往往需要通过输出各种能量曲线来判断问题的求解结果是否合理。为了输出能量曲线,需要在 * CONTROL_ENERGY 关键字中,将所有的参数全部设置为 2,即依次计算沙漏能、石墙能、滑动界面能和碰撞能。

* CONTROL_ENERGY

$ #	hgen	rwen	slnten	rylen
	2	2	2	2

B. 定义计算时间

本案例的计算时间是指深松铲实际的运动时间。在设定计算时间时,要充分考虑深松铲能否在计算时间内进入稳定的工作状态,以保证仿真结果的准确性。在 * CONTROL_TERMINATION 关键字中,将仿真时间长度设置为 0.55 s。

* CONTROL_TERMINATION

$ #	endtim	endcyc	dtmin	endeng	endmas
	0.550000	0	0.000	0.000	0.000

C. 定义时间数据间隔

在 LS-DYNA 求解计算的过程中,结果数据并不会自动输出,需要对其输出的时间间隔、数据格式等进行设置,本案例根据实际需求在 * DATABASE_BINARY_D3PLOT 关键字中,将分析结果输出的时间间隔设置为 0.01 s。

* DATABASE_BINARY_D3PLOT

$ #	dt	lcdt	beam	npltc	psetid
	0.010000	0	0	0	0

D. 在土壤模型上施加无边界约束

本案例所研究的土壤应该是农田中一块无限大的土壤,但受计算设备以及算法等因素的限制,只取了一块较小的土壤作为研究对象。这块土壤理论上应该是无边界的,所以需要指定土壤模型的相应界面是无边界的。通过 * BOUNDARY_NON_REFLECTING 关键字,在 SEGMENT 2 和 SEGMENT 3 上施加无边界约束。

* BOUNDARY_NON_REFLECTING

$ #	ssid	ad	as
	2	0.000	0.000
	3	0.000	0.000

E. 定义 SHP 控制

SPH 在使用时需要一些限制,本案例采用 * CONTROL_SPH 中的默认参数。

*CONTROL_SPH

$ #	ncbs	boxid	dt	idim	memory	form	start	maxv
	0	0	1.0e20	3	150	0	0.000	1.0e15

$ #	cont	deriv
	0	0

F. 定义接触控制

在 *CONTROL_CONTACT 关键字中,将接触刚度比例因子设置为 0.2,其他采用默认参数。

*CONTROL_CONTACT

$ #	slsfac	rwpnal	islchk	shlthk	penopt	thkchg	orien	enmass
	0.200000	0.000	1	0	0	0	1	0

G. 定义接触类型

通过 *CONTACT_AUTOMATIC_NODES_TO_SURFACE_ID 关键字定义 SPH 和深松铲表面之间的接触类型为自动计算。

*CONTACT_AUTOMATIC_NODES_TO_SURFACE_ID

$ #	cid							title
	1							

$ #	ssid	msid	sstyp	mstyp	sboxid	mboxid	spr	mpr
	1	1	4	3	0	0	0	0

$ #	fs	fd	dc	vc	vdc	penchk	bt	dt
	0.000	0.000	0.000	0.000	0.000	0	0	1.0e20

$ #	sfs	sfm	sst	mst	sfst	sfmt	fsf	vsf
	1.000000	1.000000	0.000	0.000	1.000000	1.000000	1.000000	1.000000

H. 设置 FE/SPH 耦合

通过 *CONTACT_TIED_NODES_TO_SURFACE_ID 关键字设置节点集合 1 和面集合 1 之间相互连接。

* CONTACT_TIED_NODES_TO_SURFACE_ID

$ #	cid							title
	2							
$ #	ssid	msid	sstyp	mstyp	sboxid	mboxid	spr	mpr
	1	1	4	0	0	0	0	0
$ #	fs	fd	dc	vc	vdc	penchk	bt	dt
	0.000	0.000	0.000	0.000	0.000	0	0	1.0e20
$ #	sfs	sfm	sst	mst	sfst	sfmt	fsf	vsf
	1.000000	1.000000	0.000	0.000	1.000000	1.000000	1.000000	1.000000

I. 定义曲线

由于深松铲的位移是随时间的变化而变动的，可以通过 * DEFINE_CURVE 关键字定义一条曲线来表示二者的关系。

* DEFINE_CURVE

$ #	lcid	sidr	sfa	sfo	offa	offo	dattyp
	1	0	1.000000	1.000000	0.000	0.000	0
$ #	a1	o1					
	0.000	0.000					
	2.0000000	4.0000000					

J. 定义方向向量

通过 * DEFINE_VECTOR 关键字定义一个向量。

* DEFINE_VECTOR

$ #	vid	xt	yt	zt	xh	yh	zh	cid
	1	0.000	0.000	0.000	0.000	−1.000000	0.000	0

K. 设定移动载荷

通过 * BOUNDARY_PRESCRIBED_MOTION_RIGID 关键字定义深松铲的运动过程。

* BOUNDARY_PRESCRIBED_MOTION_RIGID

$ #	pid	dof	vad	lcid	sf	vid	death	birth
	1	4	2	1	1.000000	1.0	1.0e28	0.000

在模型 K 文件中增加上述的关键字之后，再增加 * MAT_FHWA_SOIL、
* PART、* MAT_RIGID、* SECTION_SOLID、* SECTION_SPH 等关键字，就完

成了建模的相关工作,检查无误之后即可提交计算求解。

5.3.3　仿真结果分析

(1)深松过程中土壤粒子的状态变化分析

经过求解后,得到深松铲切削土壤的结果。对结果进行后处理即可直观地观察到深松铲的工作特性。

在深松的过程中,土壤会出现一定程度的形变,如图 5-38 所示。从图中可以看出,在约 0.2 s 时,深松铲基本上完全进入土壤中,与深松铲接触的部分土壤已经出现松动现象;在约 0.4 s 时,深松铲深松过的部分土壤已经完全蓬松起来。

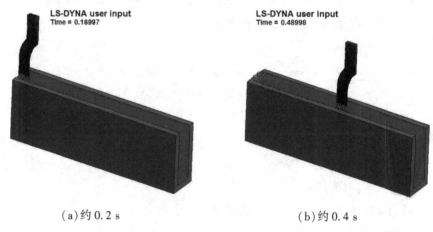

(a)约 0.2 s　　　　　　　　　(b)约 0.4 s

图 5-38　土壤的形变图

图 5-39 反映了深松铲工作时土壤等效应力的变化情况。在约 0.2 s 时,深松铲刚进入土壤中,土壤的应力主要分布在深松铲的前后两侧;在约 0.4 s 时,土壤的应力仍然主要分布在深松铲的周围,深松过的土壤仍然残留了一些应力。但是随着深松时间的延长,土壤的残余应力迅速减小。

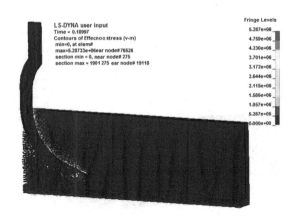

（a）约 0.2 s

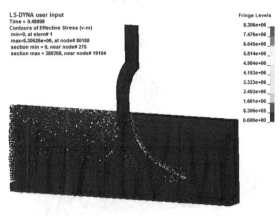

（b）约 0.4 s

图 5-39 土壤的等效应力云图

在深松过程中，土壤的运动是通过粒子或者单元的形变或运动来表示的。图 5-40 是深松过程中土壤粒子的运动速度云图。从图中可以看出，具有较大运动速度的土壤粒子出现在深松铲铲头的前端，其他位置土壤粒子的运动速度基本为 0，这也反映了深松过程中土壤的运动情况。

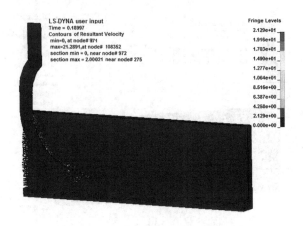

（a）约 0.2 s

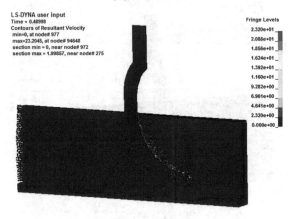

（b）约 0.4 s

图 5-40　土壤粒子的运动速度云图

　　图 5-41 是深松过程中土壤粒子的运动加速度云图。从图中可以看出，具有较大运动加速度的土壤粒子出现在深松铲铲头的前端，其他位置土壤粒子的运动加速度基本为 0。

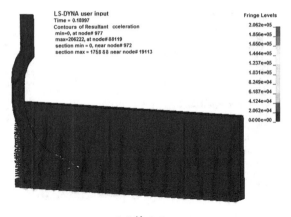

（a）约 0.2 s

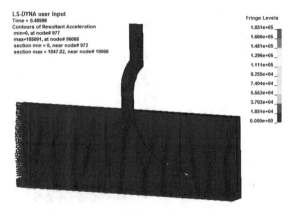

（b）约 0.4 s

图 5-41　土壤粒子的运动加速度云图

图 5-42 反映了深松过程中土壤粒子的密度变化情况。将两图对比来看，经过深松作业后，深松铲经过的位置的土壤粒子密度减小，也就是说在土壤中形成了一条沟壑。

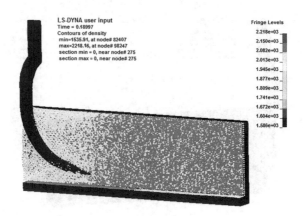

(a)约0.2 s

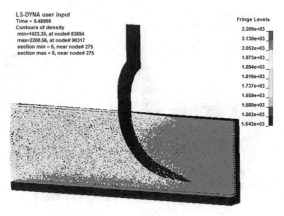

(b)约0.4 s

图5-42 土壤粒子的密度云图

图5-43反映了深松过程中土壤粒子的内能变化情况。经过深松作业后,土壤粒子的内能大幅增加,但在短时间内土壤粒子的内能变化较小。

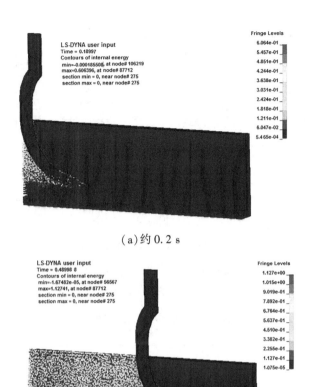

（a）约 0.2 s

（b）约 0.4 s

图 5-43　土壤粒子的内能云图

（2）深松过程中的能量变化分析

在深松过程中,能量消耗主要包括深松铲运动的功能土壤模型宏观运动的动能和土壤模型微观运动的内能,而模型能量的主要来源是外部驱动机械。为了研究深松过程中的能量变化情况,下面分别对深松过程中模型的总能量、动能、内能和功率的变化进行分析,在分析过程中不考虑深松之前土壤本身具有的内能。

图 5-44 反映了模型的总能量变化情况。在 0.3 s 之前,深松铲刚刚进入土壤中,还没有达到较为稳定的工作状态,在此期间,总能量的增加速率不断增大;在 0.3 s 之后,深松铲已经达到较为稳定的工作状态,此时总能量随时间呈线性递增的趋势。

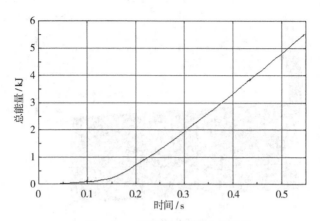

图 5-44   模型的总能量变化曲线

图 5-45 反映了模型的动能变化情况。在 0.3 s 之前,深松铲还没有进入较稳定的工作状态,所以整个模型的动能呈增加的趋势;在 0.3 s 之后,深松铲已经进入了稳定的工作状态,此时系统的动能达到平衡状态。

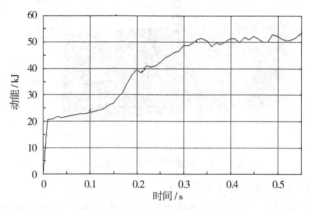

图 5-45   模型的动能变化曲线

图 5-46 反映了模型的内能变化情况。由于模型动能在总能量中所占的比例较小,所以模型内能的变化曲线与总能量的变化曲线在趋势上相似,在数值上也十分接近。

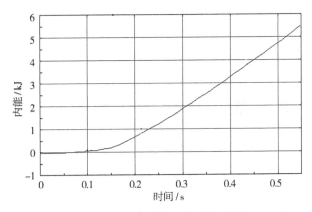

图 5-46　模型的内能变化曲线

　　由上述分析可知,在深松过程中模型能量是由外界驱动机械提供的。这些能量主要增加了分析模型的内能,而且当模型动能稳定时,外界提供的能量基本上转化为模型内能,说明模型内能的变化速率就是外界驱动机械提供能量的功率,也就是深松铲的工作功耗。

　　在后处理中,对图 5-46 所示的内能变化曲线求导,得到如图 5-47 所示的曲线。该曲线即是深松铲深松作业时所需要的功率。在 0.3 s 之后,曲线基本趋于平稳,在 0.3 s 至 0.5 s 之间取五个等距的时间点,然后将五个点的功率平均值作为本次试验的功耗值,即可基本确定研究对象在深松过程中所需要的功率(14.71 kW)。

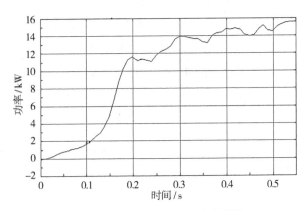

图 5-47　模型的功率变化曲线

第6章　流热场仿真案例

流体场和温度(热)场也是工程仿真的主要研究对象,研究各种液体和热量的流动都需要利用流体场的仿真方法。当研究设备的温度场时,很可能需要一起研究其流体场,因为流体的流动是影响温度场的重要因素之一。例如研究笔记本电脑的温度场,当散热风扇开始工作时,温度场的研究就要在流体场基础上开展。本章介绍了联合收割机横流风机流场仿真、管壳式换热器仿真和灯泡内流热场仿真三个案例。

6.1　联合收割机横流风机流场仿真

随着谷物联合收割机的作业宽度不断增大,其清选装置常用的离心风机和轴流风机出现了横流气体分布不均匀、动力消耗大、机构尺寸大等问题,严重影响了清选装置的性能。横流风机因具有风量大、结构紧凑、出口气流沿轴向分布均匀等优点在大型联合收割机上得到了越来越广泛的应用。但是横流风机是一种特殊的风机,其气体流动非常复杂,难以掌握。

ANSYS Workbench 将多种有限元分析软件有机集成到一起,使各个分析模块可以便捷地进行数据交换,简化了分析过程,提高了效率。本案例主要利用CFX 模块、几何模块和 Mesh 模块对某型号联合收割机横流风机的流场进行模拟,得到了风机的流场模拟数据,主要包括静压云图、流场速度矢量图及流场对风机叶轮作用力云图等。

6.1.1　分析模型

（1）横流风机工作原理

横流风机主要由叶轮、外壳和舌板等部件组成，其结构如图 6-1 所示。外壳是两端封闭、径向开口式的结构，开口的尺寸一般是不相等的，较大的为进风口，较小的为出风口。外壳包围了部分叶轮，没有外壳包围的位置为入风口，入风口位置的叶轮称为进风叶栅，在外壳内部的叶轮称为出风叶栅。

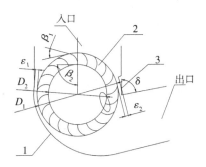

1-外壳，2-叶轮，3-舌板

图 6-1　横流风机的结构简图

横流风机与离心风机和轴流风机的工作原理完全不同。叶轮在外壳内转动时，会在叶轮内部靠近舌板的位置形成一个偏心涡旋，这个偏心涡旋形成一个低压中心。风机入口处的气体在压力差的作用下，经过进风叶栅，沿径向进入风机内部，然后沿径向经过出风叶栅流出风机。在整个过程中，气流的运动方向都是垂直于叶轮轴的，没有横向流动。

（2）分析模型

本案例采用的分析模型为某型号联合收割机的横流风机。横流风机的主要结构参数如表 6-1 所示。

表 6-1　横流风机的结构参数

参数名称	数值
风机总宽度/mm	1 080.0
叶轮外径 D_1/mm	220.0
叶轮内径 D_2/mm	171.0
叶轮轮毂厚度/mm	4.0
叶轮叶片厚度/mm	2.0
叶片内切角 β_2/(°)	90.0
叶片外切角 β_1/(°)	25.0
叶轮与壳体后壁间距 ε_1/mm	17.0
叶轮与舌部引导板间距 ε_2/mm	8.0
叶轮转速/(r · min^{-1})	964.9

　　根据分析的需要,本案例按照横流风机的结构尺寸,利用参数化建模软件 Creo 建立横流风机的叶轮模型,如图 6-2 所示。再利用布尔运算建立横流风机的流场模型,如图 6-3 所示。根据流场的实际工作情况,将流场分为内流场和外流场,内流场是随叶轮转动的部分。将模型以 IGS 格式导入到 ANSYS Workbench 中。

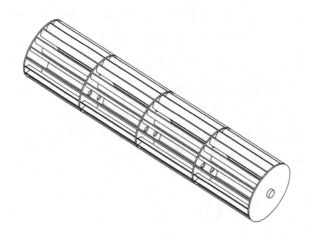

图 6-2　叶轮模型

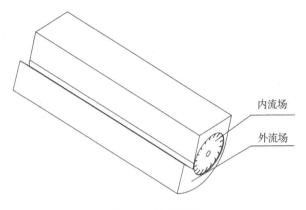

图 6-3　流场模型

6.1.2　分析预处理

（1）网格划分

划分流体网格的软件有很多,本案例采用 ANSYS Workbench 中的 Mesh 模块进行网格划分。Mesh 模块提供了多种网格划分方法,如自动网格划分、六面体主导网格划分等,自动网格划分是综合多种划分方法的网格划分。本案例限制内流场网格大小为 6 mm,网格划分方式设定为自动网格划分;限制外流场网格大小为 8 mm,网格划分方式设定为六面体主导网格划分;将内流场和外流场的关联度设置为 1。划分好的网格如图 6-4 所示。横流风机的流场一共含有 416 452 个节点,1 647 708 个单元。网格的质量对分析过程和结果都具有非常大的影响。

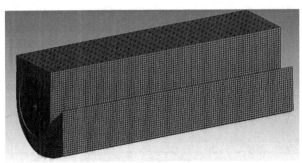

图 6-4　划分好的网格

（2）计算域和边界条件的设定

计算域和边界条件的设定主要包括选择流体介质和定义边界条件等。CFX 提供了多种流体材料，横流风机内空气的压力和温度变化不是很大，所以选择的材料是 25 ℃的空气。与理想空气相比，这种材料最大的特点是不用考虑空气的可压缩性和温度变化。同时，为计算域设定一个大气压的参考压力。内流场是随叶轮一起转动的，所以内流场的运动类型设定为 Rotating，角速度为 101 rad/s，旋转轴为 x 轴。计算域湍流模型的选择对 CFD 计算结果的影响也非常大，CFX 提供多种湍流模型，如 $k-\varepsilon$ 模型和 $k-\omega$ 模型等。这里选择 $k-\varepsilon$ 模型，因为其收敛性较好。

在风机外流场上设置风机的入口和出口。入口的流速设为恒定的 4 m/s，方向垂直于入口边界向内；出口设定为自由边界，相对压力为 0，即不限制风机出口处流体的方向和速度。流场模型的两侧设定为对称边界体，其他外壳部分设定为光滑、固定、无滑移的壁面。

（3）求解设定和求解

求解格式主要有三种：高阶求解、迎风格式求解和指定混合因子求解。其中高阶求解模式的精度较高，本案例采用的就是该模式。迭代步数设定为 400，步长设定为 0.01 s，收敛标准设定为 RMS，其值设定为 1.0×10^{-4}。求解的残差收敛曲线如图 6-5 所示，曲线在 390 次迭代时达到收敛标准。

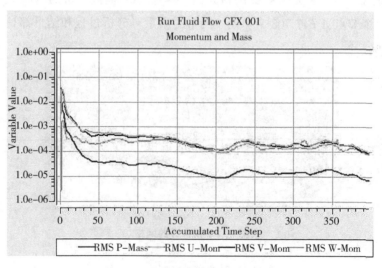

图 6-5　动量和质量残差收敛曲线

6.1.3　仿真结果分析

求解完成后,通过 CFX 进行后处理,得到风机的流场静压云图、流场全压云图和流场速度矢量图等数据。

风机流场静压云图如图 6-6 所示。靠近舌板出口叶栅的位置是一个低压中心,也就是偏心涡旋。整个风机流场的静压场以这个偏心涡旋为中心呈不规则的圆环状,距离偏心涡旋中心越远,静压力就越大。叶片正面和背面附近的静压力是不同的,其差值随叶片圆周位置的不同而不同。图 6-6(a)和图 6-6(b)是垂直于叶轮轴两个不同位置截面的静压云图,其静压力分布基本一致。

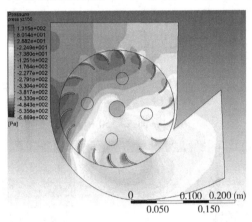

(a) yz 面, $x = 150$ mm

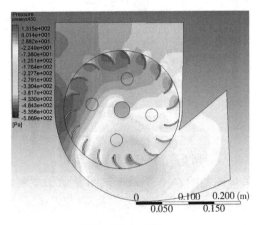

(b) yz 面, $x = 450$ mm

图 6-6　风机流场静压云图

　　风机流场全压云图如图 6-7 所示。涡旋位置的全压力是最小的。最大压力分布在外壳后壁和叶轮之间的位置。叶片的正面和背面附近的全压力相差不大,有些位置的全压力差基本为 0。图 6-7(a) 和图 6-7(b) 是垂直于叶轮轴两个不同位置截面的全压云图,其全压力分布基本一致。

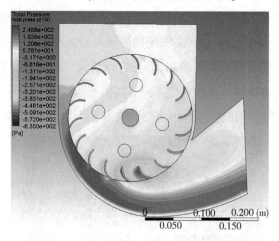

(a)yz 面,$x = 150$ mm

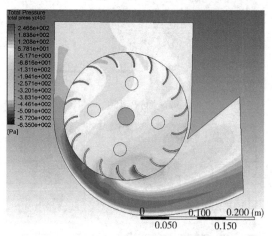

(b)yz 面,$x = 450$ mm

图 6-7　风机流场全压云图

　　风机流场速度矢量图如图 6-8 所示。该图显示了空气在流场内各个点速度的方向和大小,在风机进风叶栅的各个位置都有气体流入,其中左侧方向较为一致,右侧则较为混乱。在空气流出出风叶栅后,气体的流动方向慢慢开始平行于外壳后壁。在出口的上部,有少量的气体回流,可以通过调整外壳的结构加以优化。图 6-8(a)和图 6-8(b)是垂直于叶轮轴两个不同位置截面的速度矢量图,其速度分布基本一致。

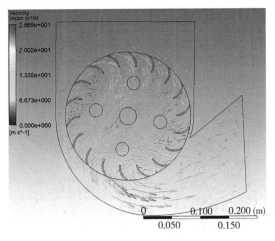

(a)yz 面,$x = 150$ mm

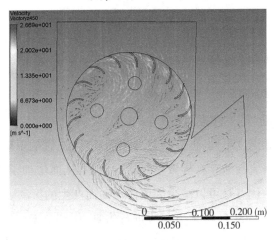

(b)yz 面,$x = 450$ mm

图 6-8 风机流场速度矢量图

6.2 管壳式换热器仿真

6.2.1 分析模型

管壳式换热器是加工工业中使用最广泛的换热器之一,常用于炼油厂、核电站以及其他大型化工工艺中。此外,在许多发动机中,这类换热器用于冷却液压油。在本分析案例中,有两种不同温度的流体流过换热器,一种流过管程(管道侧),另一种流过管道周围的壳程(壳侧),如图6-9所示。

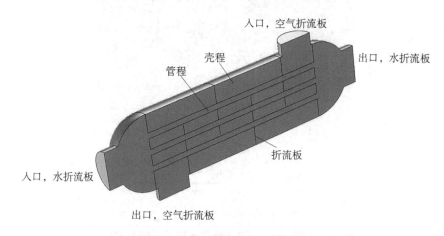

图6-9 管壳式换热器的结构示意图

6.2.2 分析条件与过程

换热器由结构钢制成。在本案例中,有两种流体流过换热器,一种流体(水)在管程内流动,另一种流体(空气)在壳程内(管外)流动。这两种流体在流入换热器时起始温度不同,但在换热器中循环后,二者的温度比较接近,达到一个平衡温度。折流板的存在导致空气横向流动,从而增加了热交换面积。使用折流板的另一个优点是可以减少因流体流动而产生的振动。

本案例使用 COMSOL Multiphysics 进行仿真,用耦合 $k - \varepsilon$ 湍流模型的"非等温流"预定义多物理场模型。利用对称性仅对一半换热器进行建模,从而减小了模型尺寸,降低了计算成本。

包括折流板在内的所有换热器壁都模拟为三维壳,这要求对流动方程和热传递方程设置特殊的边界条件。内壁边界条件将水和空气两种流体分隔开,并且还用于描述折流板。在壁面两侧,应用了壁函数,这是模拟 $k - \varepsilon$ 湍流模型中的壁面所必需的。为了计算换热器中的壁面热通量,应用了薄层边界条件,这种边界条件用于模拟薄壳结构中的热传递。在分析案例中,假定壳由钢制成,厚度为 1 mm。除了对称平面,其他所有外部边界都是热绝缘壁面。

6.2.3　仿真结果分析

图 6-10 为换热器不同位置的流体速度大小情况。从图中可以看出,换热管内水的流动速度小于换热管外空气的流动速度,换热管间隙内空气的流动速度小于其他位置空气的流动速度。同时,由于折流板的作用,空气在壳程内的流动速度分布较为均匀。

切面：速度（m/s）

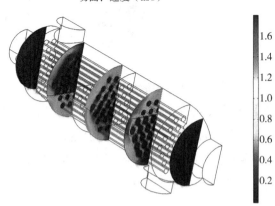

图 6-10　不同截面的流体速度

图 6-11 是换热器的外壁压力图。从图中可以看出,水入口处的压力最大,水入口处的压力与水出口处的压力相差较大;空气入口处的压力大于空气出口处的压力,但是二者相差不是很大。从压力图中还可以看出,从空气入口处到空气出口处,空气压力变化较小,没有出现较大的突变。

等值线：压力（Pa）

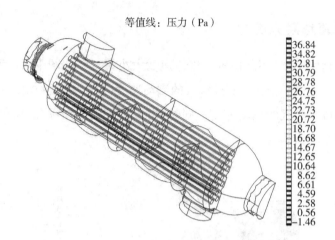

36.84
34.82
32.81
30.79
28.78
26.76
24.75
22.73
20.72
18.70
16.68
14.67
12.65
10.64
8.62
6.61
4.59
2.58
0.56
-1.46

图 6-11　换热器的外壁压力

图 6-12 是换热器的形变情况。换热器的形变主要出现在折流板位置,换热管与折流板相连接的部分也出现了较大形变,但是这些形变相对于整个换热器来说影响较小。换热器发生形变主要是由于换热器部件受热不均匀,而此问题导致的形变很难避免,因此将形变控制在合理的范围内是十分必要的。

表面：壁抬升距离（mm）

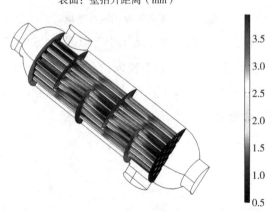

3.5
3.0
2.5
2.0
1.5
1.0
0.5

图 6-12　换热器的形变情况

图 6-13 为换热器外壳的温度分布。从图中可以看出,空气入口处的外壳温度最高,水入口处和水出口处的外壳温度均较低,空气出口处的外壳温度也较低,说明换热器的工作效果较好。

表面：温度（℃）

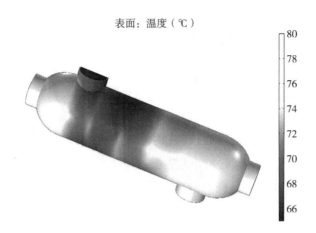

图 6-13　换热器的外壳温度

图 6-14 为空气流线图。空气流线分布较均匀,表明管中的空气流动速度分布非常均匀;空气流线没有出现缠绕、涡流、堵塞等现象,说明换热器的设计比较合理。在水入口处,水流存在一定的涡流现象,不过对换热器的换热工作没有影响。流线颜色深浅表示温度,可以看出空气入口处与空气出口处的温度差异较大。

流线：速度场

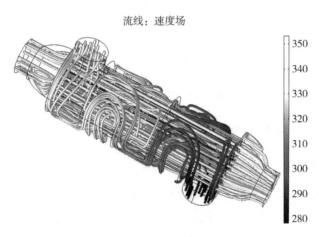

图 6-14　空气流线图

6.3　灯泡内的流热场仿真

6.3.1　分析模型

灯泡中含有钨丝,当电流通过时,钨丝被电流加热。当温度达到 2 000 K 时,钨丝(灯丝)开始发出可见光。为防止钨丝燃烧,灯泡中充满气体,通常是氩气。灯丝中产生的热量通过辐射、对流和传导的方式传递到周围环境中。加热时,密度和压力变化会引起灯泡内气体的流动。灯泡的几何模型如图 6-15 所示。

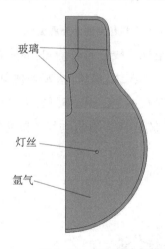

图 6-15　灯泡的几何模型

6.3.2　分析条件与过程

当灯泡开启后,随着灯丝温度的不断升高,灯泡内的氩气将产生非等温流动,利用 COMSOL Multiphysics 对灯泡内部的非等温流动进行仿真,可以有效地反映能量传递与动量传递之间的耦合现象,其中能量传递的方式包括传导、辐射和对流,而动量传递(即流体流动)是由氩气的密度变化引起的。

首先,当 60 W 的灯丝受热时,热量从热源传导到灯泡;然后发生对流,驱动灯泡内的气体流动,通过流体运动将热量从灯丝传递到整个灯泡;最后是通过辐射等方式将热量传递到周围环境中。本案例中包含表面对表面辐射和表面对环境辐射。

灯丝可以近似为实心圆环,同时忽略灯丝的任何内部效应。描述非等温流动的方程是包含重力的纳维-斯托克斯方程,密度由理想气体定律给出:

$$\rho = \frac{Mp}{RT} \tag{6-1}$$

式中,M 为摩尔质量(kg/mol),p 为压强(Pa),R 为气体常数[J/(mol·K)],T 为温度(K)。热对流和热传导通过"传热"接口模拟,分析的灯泡总功率为 60 W。

在灯泡的内表面,辐射由表面对表面辐射来描述。也就是说,分析的时候将内表面对外表面的辐射简化为特定表面与该表面周围可见表面间的相互辐射。在灯泡的外表面,辐射可以描述为表面对环境的辐射,并且不考虑来自周围环境的反射(黑体辐射)。

灯泡的顶部,即灯泡安装在灯座上的位置是热绝缘的,也就是说灯泡的底部不会损失热量。

6.3.3　仿真结果分析

从灯丝通电,即 $t=0$ s 时,灯丝开始加热。在一定的时间内,灯丝的温度不断升高,热量不断传递给灯泡中的氩气和灯泡的表面。图 6-16 至图 6-21 显示了一系列时刻灯泡内部的温度分布情况。从图 6-16 可以看出,在通电 0.1 s 时,灯丝及灯丝周围的氩气温度最高,最高温度约为 345 K,温度等温线以灯丝为中心呈圆环状。

表面:温度(K)

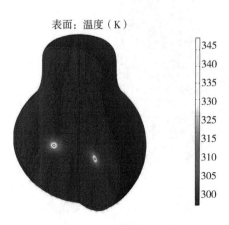

图 6-16　0.1 s 时的灯泡温度场

图 6-17 是通电 0.5 s 时的灯泡温度场。从图中可以看出,灯丝的最高温度已经超过 500 K,灯丝周围氩气的温度也迅速上升,灯丝上方的氩气温度升高速度大于灯丝下方的氩气,但是灯泡外表面的温度基本没有变化。

表面:温度（K）

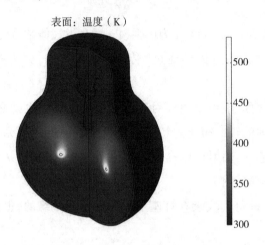

图 6-17　0.5 s 时的灯泡温度场

图 6-18 是通电 1.0 s 时的灯泡温度场。从图中可以看出,灯丝的最高温度已经超过了 700 K,灯丝周围氩气的温度也迅速上升,灯丝上方的氩气温度升高速度大于灯丝下方的氩气,且整个灯丝上方氩气的温度均明显升高,但是灯泡外表面的温度基本没有变化。

表面:温度（K）

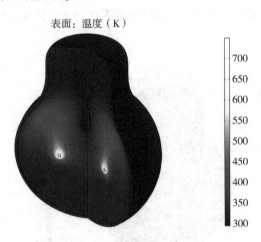

图 6-18　1.0 s 时的灯泡温度场

图 6-19 是通电 2.0 s 时的灯泡温度场。从图中可以看出,灯丝的最高温度

已经超过 1 100 K,灯丝周围氩气的温度仍在迅速上升,灯丝上方的氩气温度升高速度大于灯丝下方的氩气,且整个灯丝上方氩气的温度均明显升高,灯丝上方的氩气受热膨胀,已经开始向下流动,但是灯泡外表面的温度基本没有变化。

表面：温度（K）

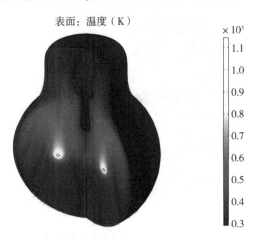

图 6-19　2.0 s 时的灯泡温度场

　　图 6-20 是通电 6.0 s 时的的灯泡温度场。从图中可以看出,灯丝的最高温度已经超过 1 800 K,灯丝周围氩气的温度仍在迅速上升,灯丝上方的氩气温度升高速度大于灯丝下方的氩气,且整个灯丝上方氩气的温度均明显升高,灯丝上方的氩气受热膨胀,已经开始向下流动,灯泡外表面的温度也开始缓慢升高。

表面：温度（K）

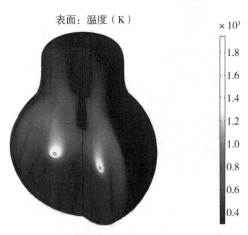

图 6-20　6.0 s 时的灯泡温度场

图 6-21 是通电 300.0 s 时的灯泡温度场。此时灯泡的温度场已经趋于稳

定。从图中可以看出,灯丝的最高温度已经超过 2 000 K,灯丝上方氩气的温度高于灯丝下方氩气的温度,灯泡的外表面温度也出现了明显的升高。

表面:温度（K）

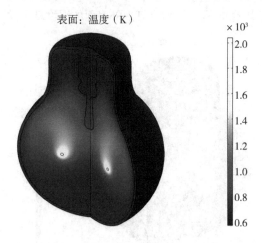

图 6-21　300.0 s 时的灯泡温度场

温度变化时,气体密度也会变化,进而引起灯泡内的气体流动。图 6-22 至图 6-24 显示了一系列时刻灯泡内部的氩气流场。图 6-22 是通电 0.1 s 时的灯泡内部氩气流场。从图中可以看出,灯丝上方和两侧的氩气运动较为剧烈。

表面:速度（m/s）

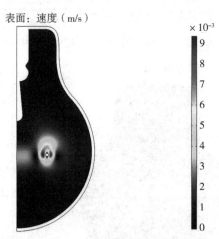

图 6-22　0.1 s 时的灯泡内部氩气流场

图 6-23 是通电 0.5 s 时的灯泡内部氩气流场。从图中可以看出,灯丝上方氩气剧烈运动的范围不断扩大,部分氩气开始向下流动。氩气的最大运动速度超过 0.12 m/s。

表面:速度（m/s）

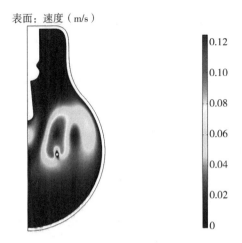

图 6-23　0.5 s 时的灯泡内部氩气流场

图 6-24 是通电 300.0 s 时的灯泡内部氩气流场。从图中可以看出,灯丝上方氩气剧烈运动的范围基本不变,没有明显的运动规律。

表面:速度（m/s）

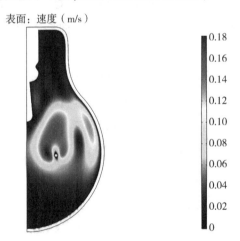

图 6-24　300.0 s 时的灯泡内部氩气流场

图 6-25 显示了与灯丝在同一高度的灯泡边界上某点的温度分布。从图中可以看出,灯泡受热缓慢。灯泡温度的升高先快后慢,当通电时间超过 200.0 s 时,温度基本趋于稳定;300.0 s 时,灯泡温度达到稳态,约为 589 K。

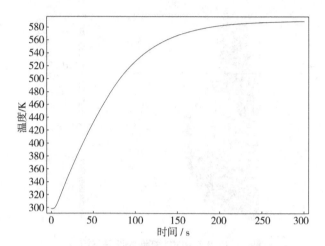

图 6-25　与灯丝在同一高度的灯泡边界上某点的温度变化

　　热量通过对流热通量和辐射在灯泡边界进行传递。图 6-26 显示了通电 300.0 s 时离开灯泡的净辐射热通量。它随 z 坐标变化。图中不包含灯泡顶部边界,即灯泡安装在灯座上的位置。明显的曲线突变出现在灯丝上方 $z=1.5$ cm 附近。

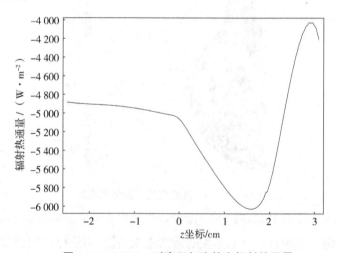

图 6-26　300.0 s 时离开灯泡的净辐射热通量

　　图 6-27 为通电 300.0 s 时灯泡截面的温度等值线。从图中可以看出,灯丝底部的温度变化速率大于灯丝上方的温度变化速率,灯丝上方氩气的温度大于灯丝下方氩气的温度。

等值线：温度（K）

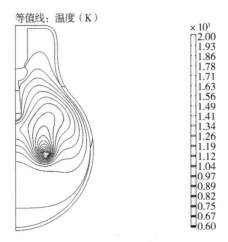

$\times 10^3$

```
2.00
1.93
1.86
1.78
1.71
1.63
1.56
1.49
1.41
1.34
1.26
1.19
1.12
1.04
0.97
0.89
0.82
0.75
0.67
0.60
```

图 6-27　300.0 s 时灯泡截面的温度等值线

第7章 电磁场仿真案例

随着信息革命的不断深入,各种各样的电子类设备层出不穷,电磁场的仿真越来越受到重视。本章介绍了锂离子动力电池细长形集流装置的电流不均匀性仿真、抛物反射面天线的电磁场仿真和电感器的电磁场仿真三个案例。

7.1 锂离子动力电池细长形集流装置的电流不均匀性仿真

对于小容量圆柱形锂离子动力电池,为了得到较大的容量来满足汽车的动力需求,需要用金属导体将若干个单体电池串并联在一起。这里的金属导体在本案例中称为集流装置。在成组电池中,集流装置最重要的作用是将外部电流均匀地传输到每一个单体电池上,但由于金属导体本身存在一定的电阻,无法将外部电流绝对均匀地传送到每一个电池单体上,所以细长形集流装置的电流不均性更加明显。

对角连接是将两个集流装置的外部电流入口放在相互对称的位置上,克服单个集流装置电流不均匀的缺点,实现两个集流装置组合后电流较为均匀的组合方式。与对角连接相反的方式是邻角连接,邻角连接是将两个集流装置的外部电流入口放在一侧的组合方式。

本案例利用仿真与物理试验的方法,通过分析对比细长形集流装置邻角连接和对角连接的电流均匀程度,论证细长形集流装置对角连接的必要性。分析对象如图 7-1 所示,材料为 99.95% 的铜板(T1),电导率为 5.998×10^7 S/m。

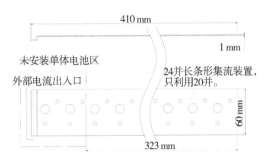

图 7-1 分析对象示意图

7.1.1 邻角连接仿真与试验

（1）邻角连接仿真

①仿真模型

物理模型主要由长条形集流装置、单体电池、螺丝和螺柱组成,仿真模型由物理模型简化而来。在充放电过程中,影响单体电池充放电能力的主要因素有带电量、直流内阻和充放电电流,但是对于充电平台期的磷酸铁锂电池,其总内阻变化较小。根据这个特性,仿真时不考虑电池内阻的变化对集流装置电流不均匀性的影响。为了进一步简化模型,本案例将单体电池等效为一个阻值可变的直流电阻,然后再研究集流装置的电流不均匀性。邻角连接仿真模型及单体电池位置编号如图 7-2 所示。

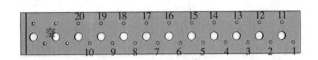

图 7-2 邻角连接仿真模型及单体电池位置编号

②仿真条件

采用6.5 Ah单体电池进行仿真分析,如图7-3所示。用20个单体电池并联在一起形成一串电池,容量为130 Ah。在其中一个集流装置上分别施加1 C、2 C、3 C的倍率电流,对其电场进行仿真,另一个集流装置为接地端输出电流。

由于单体电池内阻并非定值,本案例研究了单体电池直流电阻在0.001~0.04 Ω范围内时,不同倍率下集流装置的电流不均匀性,但假设20个电池的内阻相等。

(2)邻角连接试验

由于常规方法无法对通过每个单体电池的电流进行准确检测,本案例根据容量、电流、时间三者之间的关系,利用单体电池在充电平台期电压变化较小的特点,通过单体充放电柜测量电流对时间的累积量(容量),然后消除时间量,得到电流值,进而得到在一段时间内通过每一个单体电池的平均电流值。该值可以较准确地反映集流装置的不均匀性。

①试验模型

试验对象主要由长条形集流装置、单体电池、螺丝和螺柱组成。为了连接电路方便,在试验对象的电流入口和接地端分别加入软连接,如图7-3所示。单体电池位置编号参照图7-2。

图7-3 邻角连接试验对象

②试验步骤

本试验的步骤如下:

A. 挑选 20 个 6.5 Ah 单体电池,对其进行三次充放电循环。其工步为 1 C 恒流充电至 3.65 V,静止 1 h,然后恒流放电至 2.5 V,最后单体电池处于空电状态。

B. 测量单体电池的交流内阻,在一定范围内保证单体电池的一致性,减小单体电池一致性差异对试验结果的影响。

C. 组成如图 7-3 所示的电池组。

D. 使用充放电柜,对电池组采用 1 C 倍率电流充电 0.5 h,充电结束后立即将电池组拆解。由于单体电池在一定剩余电量(SOC)区间内的开路电压变化不明显,所以能有效阻止电池组内的电流均衡。

E. 采用单体柜测量每个单体电池在步骤 D 中接受的容量。其工步为 1 C 恒流放电至单体电池电压达到 2.5 V,计算放电容量。

其中,单体电池交流内阻数据如表 7-1 所示。试验在常温下进行。

表 7-1　试验单体电池的交流内阻

电池序号	1	2	3	4	5	6	7	8	9	10
交流内阻/Ω	6.86	6.90	6.95	6.95	6.89	7.00	7.00	7.05	7.09	7.03
电池序号	11	12	13	14	15	16	17	18	19	20
交流内阻/Ω	7.30	7.06	7.02	7.10	7.05	7.20	7.08	7.04	7.15	7.08

7.1.2　对角连接仿真与试验

(1)对角连接仿真

①仿真模型

对角连接仿真模型与邻角连接仿真模型基本相同,不同的是两个集流装置的外部电流入口呈对称分布,如图 7-4 所示。

电流入口

接地端

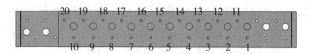

图 7-4　对角连接仿真模型及单体电池位置编号

②仿真条件

与邻角连接仿真条件相同,在此不再赘述。

(2)对角连接试验

试验模型除将邻角连接变成对角连接外,其他均与邻角连接试验模型相同,如图 7-5 所示。

图 7-5　对角连接试验对象

7.1.3　结果对比分析

(1)仿真结果对比分析

①邻角连接与对角连接的电流场分析

图 7-6(a)为邻角连接时,在 1~3 C 倍率、不同电池内阻条件下,通过 20 个单体电池的最大电流和最小电流。图 7-6(b)为对角连接时,在 1~3 C 倍率、不同电池内阻条件下,通过 20 个单体电池的最大电流和最小电流。从图中可以看出,电池内阻越小,集流装置的电流不均匀性表现越突出。在一定的内阻范围内,邻角连接方式的电流不均匀性明显高于对角连接方式。

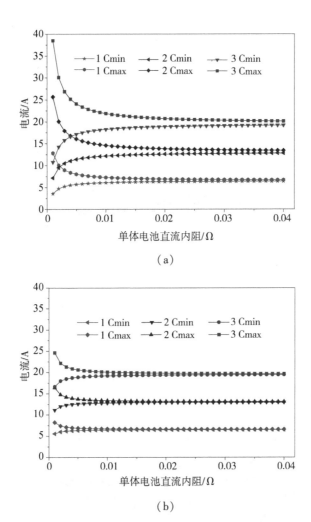

图 7-6　邻角连接(a)和对角连接(b)时 1~3 C 倍率下的最大电流与最小电流

图 7-7(a)为邻角连接时,在 1~3 C 倍率、不同电池内阻条件下,通过 20 个单体电池的电流极差。图 7-7(b)为对角连接时,在 1~3 C 倍率、不同电池内阻条件下,通过 20 个单体电池的电流极差。与图 7-6 相似,电池内阻越小,电流不均匀性越明显。

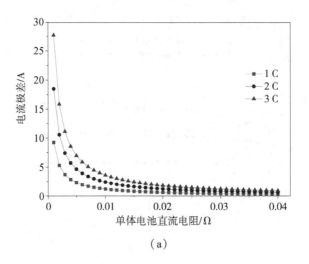

（a）

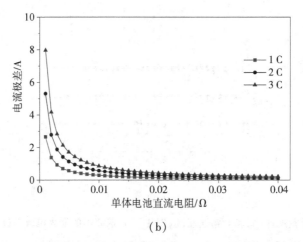

（b）

图7-7 邻角连接(a)和对角连接(b)时1~3 C倍率下的电流极差

图7-8(a)为邻角连接时,在1~3 C倍率、不同电池内阻条件下,通过20个单体电池的电流均方差。图7-8(b)为对角连接时,在1~3 C倍率、不同电池内阻条件下,通过20个单体电池的电流均方差。电流均方差可以衡量整个电池组的电流不均匀性。在1~3 C倍率下,邻角连接方式的电流均方差大于对角连接方式的电流均方差。

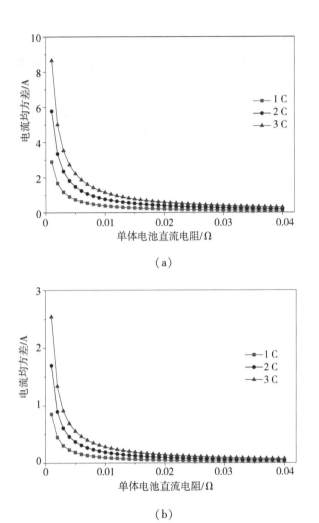

(a)

(b)

图 7-8 邻角连接(a)和对角连接(b)时 1~3 C 倍率下的电流均方差

当单体池内阻较小时,邻角连接的长条形集流装置的电流均匀性非常差。在一定内阻范围内,电压随着电池内阻的减小呈指数型趋势增长。对于本案例模型,在一定倍率范围内,当电池内阻大于 0.03 Ω 时,电池组的电流均匀性基本不受集流装置影响,但内阻大于 30 Ω 的 32650 型圆柱电池基本无法作为高倍率动力电池。

从仿真结果来看,对角连接方式基本避免了电流不均匀的问题。但是对于内阻小于 0.01 Ω 的高倍率单体电池,集流装置内部几何设计的不对称性也会导致较大的电流不均匀性。

②邻角连接与对角连接的电势场分析

图 7-9(a) 为邻角连接时 1~3 C 倍率下单个集流装置的最大电压差。从图中可以看出,随着充放电电流的增大,单个集流装置的最大电压差发生较大变化。当电池内阻大于 0.005 Ω 时,最大电压差基本趋于稳定,对于小于 0.005 Ω 的电池,由于电流集中从电流入口通过,所以其电压差小于前者。图 7-9(b) 为邻角连接时 1~3 C 倍率下单个集流装置的最大电压差,当电池内阻大于 0.005 Ω 时,对角连接和邻角连接方式中单个集流装置的最大电压差基本相同。

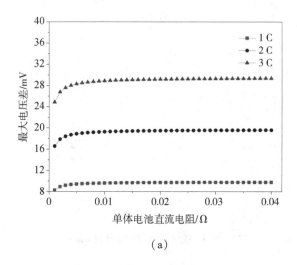

(a)

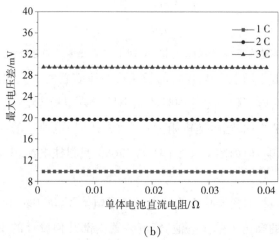

(b)

图 7-9　邻角连接(a)和对角连接(b)时 1~3 C 倍率下单个集流装置的最大电压差

　　图 7-10 为邻角连接和对角连接时 1~3 C 倍率下两个集流装置的最大电压差。从图中可以看出,二者的电压分布和变化规律基本相同,也就是说对角连接和邻角连接方式没有对单串电池组的电压产生明显影响,单串电池组的电压仍然主要取决于单体电池的内阻与电流。

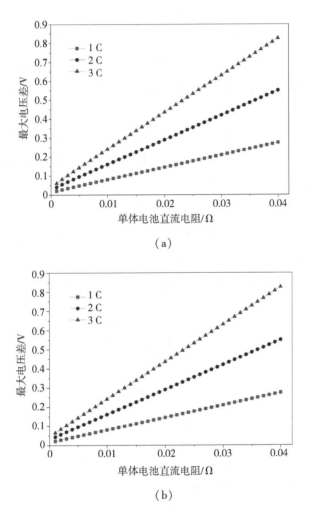

（a）

（b）

图 7-10　邻角连接(a)和对角连接(b)时 1~3 C 倍率下两个集流装置的最大电压差

　　虽然对角连接方式并没有改变单个集流装置的电压分布及数值,也没有改变单串电池组的电压,但是对角连接方式将单个集流装置的电压分布不均匀性抵消了,而邻角连接方式将单个集流装置的电压分布不均匀性叠加了,进而加剧了电池组的电流不均匀性。

对角连接方式不仅将单个集流装置的电压分布不均匀性抵消了,还能避免因单个集流装置的电压分布不均匀性造成的电池管理系统(BMS)电压采集偏差,使 BMS 采集的电压更接近每一个单体电池正负极两端的电压。这对提升BMS 性能至关重要。

(2)试验结果对比分析

图 7-11(a)为邻角连接时 1 C 倍率下不同位置单体电池的充电容量。从图中可以看出,两列单体电池充电容量最大的为 10 号和 20 号,充电容量最小的为 1 号和 11 号,所以选择 1、10、11、20 号电池的充电容量差异来共同表征电池组的电流不均匀性。1、11 号电池比 10、20 号电池在 0.5 h 内多充电 1.401 Ah容量。常温下,32650 电池内阻约为 0.01~0.03 Ω,仿真得到的最大电流差值为0.409~1.199 A。考虑到电池不一致性带来的结果偏差,仿真结果可作为后续分析优化的依据。

图 7-11(b)为对角连接时 1 C 倍率下不同位置单体电池的充电容量。最大值出现在 10 号电池位置,其充电容量为 3.306 Ah,最小值出现在 4 号电池位置,其充电容量为 3.131 Ah,二者的差值为 0.175 Ah。考虑到电池反应的不确定性,可认为在对角连接的电池组中,通过 20 个电池的电流基本一致。

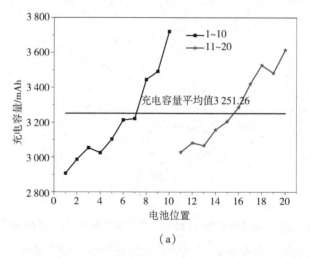

(a)

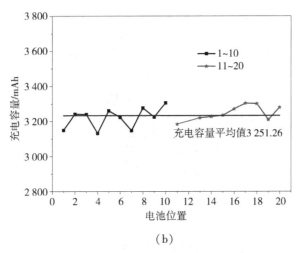

（b）

图 7-11　邻角连接（a）和对角连接（b）时 1 C 倍率下不同位置单体电池的充电容量

7.2　抛物反射面天线的电磁场仿真

抛物反射面天线是指由抛物面反射器和位于其焦点上的照射器（馈源）组成的面天线。它通常采用金属的旋转抛物面、切制旋转抛物面或柱形抛物面作为反射器，采用馈电喇叭或带反射器的对称振子作为照射器。本案例利用 COMSOL Multiphysics 对抛物反射面天线附近的电磁场进行仿真。

7.2.1　分析模型

由于轴向圆形馈电喇叭和抛物反射面天线是旋转体，因此使用电磁波方程的二维轴对称公式来模拟天线的截面曲线，然后对其进行旋转操作，即可得到抛物反射面天线的几何模型，如图 7-12 所示。

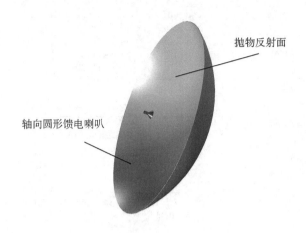

抛物反射面

轴向圆形馈电喇叭

图 7-12　抛物反射面天线示意图

7.2.2　分析条件与过程

假设所有金属表面都被模拟为理想电导体(PEC),所有域都充满空气。

馈电喇叭波导半径为 0.01 m,TE11 模式的截止频率约为 8.8 GHz,天线的工作频率应高于此截止频率。馈电喇叭孔径(半径)为 0.03 m,馈电喇叭总长度为 0.06 m。抛物反射面天线的其他参数如表 7-2 所示。

表 7-2　抛物反射面天线的其他参数

参数名称	数值
反射器的半径	0.85 m
馈电喇叭波导的半径	0.01 m
馈电喇叭波导的截止频率	8.8 GHz
频率	9.7 GHz
波长	0.3 m
馈电喇叭前端长度	0.3 m

根据参数在 COMSOL Multiphysics 中直接建立分析模型。由于抛物线是对称结构,所以只建立一半模型即可进行仿真,如图 7-13 所示。材料的相对介电常数为 1,相对磁导率为 1,电导率为 0。

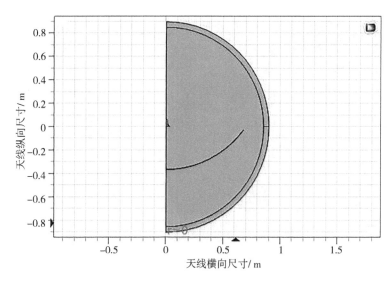

图 7-13　简化模型

分别设定面外波数、理想电导体、物理场端口、散射边界条件和远场域等分析条件,然后对几何结构进行网格划分,最后确定需要求解的对象并进行求解计算。

7.2.3　仿真结果分析

图 7-14 以分贝为单位绘制了电场模。箭头表示功率流的方向和相对大小。馈电喇叭天线产生的电磁场经抛物面反射后在+z 方向传播,传播范围限于旋转轴附近,而且越靠近旋转轴,电场模的值越大。

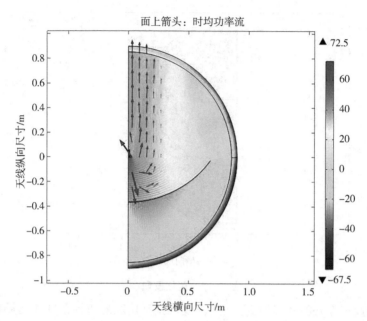

面上箭头：时均功率流

图 7-14 以分贝为单位绘制的电场模

图 7-15 为二维远场辐射方向图。从图中可以看出，远场辐射基本集中在 90°的方向上。

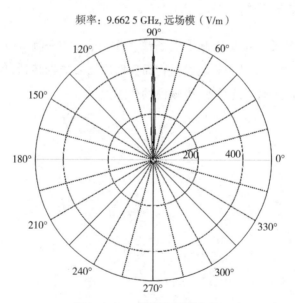

频率：9.662 5 GHz, 远场模（V/m）

图 7-15 二维远场辐射方向图

图 7-16 为包含天线本体可视化效果的三维远场辐射方向图。在反射器的作用下,轴向馈电喇叭产生的低增益辐射变为非常高的增益辐射。

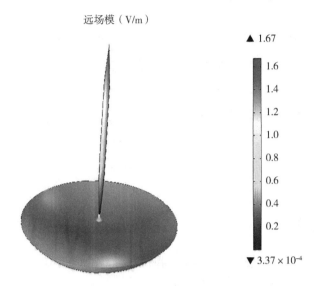

图 7-16 三维远场辐射方向图

图 7-17 的有效三维远场辐射方向图是基于二维绘图数据的一个简单旋转体,它有助于快速测量最大增益和查看模式的整体形状。

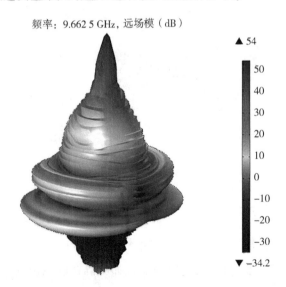

图 7-17 有效三维远场辐射方向图

7.3　电感器的电磁场仿真

电感器经常用于低通滤波或者对容性主导的负载进行阻抗匹配。在很多应用领域中,其适用的频率范围非常广,从接近静态直至若干兆赫兹。电感器通常都使用磁芯,以在不增大器件尺寸的情况下增强电感。磁芯还可以降低其他器件的电磁干扰,因为磁通量趋向于集中在磁芯内部。

由于阻抗计算只有粗略的解析表达式或经验公式,因此设计阶段需要使用计算机进行仿真或测量。本案例使用 COMSOL Multiphysics 对电感器的电磁场进行仿真。

7.3.1　分析模型

一般而言,电感器的建模要比电阻器和电容器的建模复杂,但它们应用的原理相似。模型的几何结构使用外部 CAD 软件设计,随后导入 COMSOL Multiphysics 的"AC/DC"模块进行静磁分析和频域分析。电感器几何结构如图 7-18 所示,主要包括磁芯、铜绕组和馈电间隙。

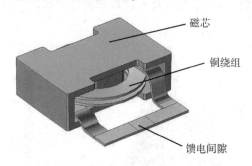

图 7-18　电感器几何结构

7.3.2　分析条件与过程

在低频下,电感器的电容效应可以忽略不计,所以等效电路模型是与理想电阻器串联起来的理想电感器,电感和电阻都可以在静磁仿真中计算得到。在高频下,电容效应和集肤效应变得非常明显。此外,在等效电路模型中,理想电容与直流电路并联。集肤效应会改变绕组中的电流分布,使电阻增加,电感也会发生变化。分析通过频域仿真得到的与频率相关的阻抗,即可得出电流参数。在 COMSOL Multiphysics 中建立的电感器模型如图 7-19 所示。

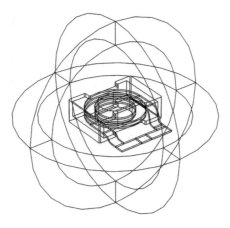

图 7-19　电感器仿真模型

在 COMSOL Multiphysics 中设置如表 7-3 所示的材料参数。外边界默认设为磁绝缘,从电感的角度来看,等同于理想电导体。对于静磁分析,通过线圈几何分析预处理步骤计算电流,然后施加 1 A 的总电流;对于频域分析,则是在馈电间隙施加固定电流为 1 A 的集总端口。

表 7-3　材料相关参数

参数名称	数值		
	铜绕组	磁芯	空气
电导率/$(S \cdot m^{-1})$	5.998×10^7	0	0
相对介电常数	1	1	1
相对磁导率	1	1×10^3	1

7.3.3　仿真结果分析

绘制各组截面的磁通密度模,查看磁场的分布情况,如图 7-20 所示。从图中可以看出,各个截面的磁场分布较均匀。

频率: 10 MHz, 多切面: 磁通密度模 (T)

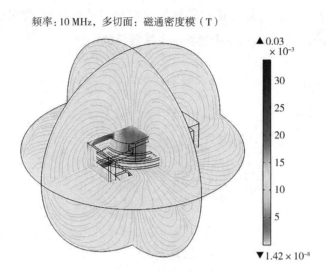

图 7-20　各组截面的磁通密度模

图 7-21 显示了磁通密度模和电流方向。从图中可以看出,磁芯上的磁场分布是不均匀的,距离线圈越近,磁场越强。线圈中的电流分布较均匀。

流线: 线圈方向, 体: 磁通密度模 (T)

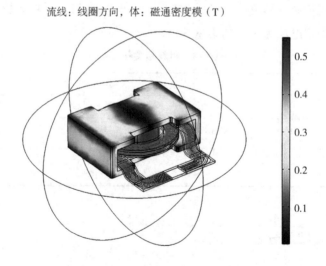

图 7-21　磁通密度模和电流方向

在静磁(直流)极限中,沿绕组的电势降是纯电阻性的,原则上可以在计算磁通密度之前单独计算。当频率增大时,电感效应开始限制电流的流动,集肤效应使求解绕组中的电流均匀分布变得越来越困难;当频率足够高时,电流主要在靠近导体表面的薄层中流动;当频率进一步增大时,开始产生电容效应,通过绕组的电流以位移电流密度的形式表示;当达到谐振频率时,器件由电感器变为以电容性为主;当达到自谐振频率时,由于内部电流非常大,电阻损耗达到峰值。图 7-22 显示了频率为 1 MHz 时的表面电流分布情况。由图可知,在高频情况下,电流通常都流向导体边缘。

表面:电流密度模(A/m)

图 7-22　频率为 1 MHz 时的表面电流分布

图 7-23 是线圈阻抗实部随谐振频率的变化曲线。从图中可以看出,线圈阻抗的电阻部分在谐振频率为 6 MHz 附近达到峰值。

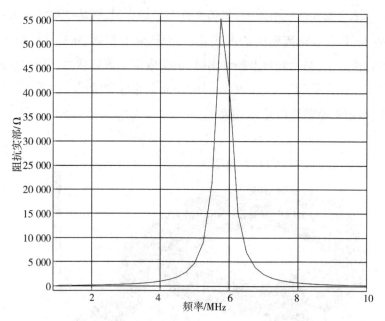

图 7-23　线圈阻抗实部随谐振频率的变化曲线

第8章 离散元仿真案例

随着工程仿真领域的不断扩展,仿真需要解决的问题类型越来越多。为了解决大形变和爆炸等问题,扩展有限元法衍生出来,但是扩展有限元法在解决离散问题时,计算量非常大、精度较低。离散元法作为仿真离散问题的重要工具之一,目前已经非常成熟。离散元软件与有限元软件耦合仿真更是目前解决工程问题常用方法之一。本章介绍了双翼深松铲的深松行为仿真、凿形深松铲的磨损行为仿真、基于 DEM-FEA 的圆盘开沟机刀盘的力学特性仿真及垂直螺旋输送机对餐厨废弃颗粒输送能力的仿真四个案例。

8.1 双翼深松铲的深松行为仿真

土壤耕作是利用农业机具与土壤之间的相互作用来改善土壤耕作层颗粒形状、矿物质、有机质和孔隙率等基本特性的农业生产措施。长期进行翻耕作业容易造成农田风蚀和水蚀的问题,并且容易在耕作层底部形成坚硬的犁底层,对农作物根系的生长极为不利。深松作为一种能破坏犁底层的保护性耕作技术日益受到重视。

深松机是进行深松作业的主要工具,其核心部件是深松铲尖和深松铲柄。国内外学者围绕这两个核心部件与土壤之间的相互作用开展了大量研究。黄玉祥等人从土壤硬度变化系数、土壤体积膨松系数、土壤相互扰动系数和单位松土带宽度耕作阻力系数等维度对深松作业效果的评价方法进行研究,得到了双铲的交互作用对扰动区域土壤硬度变化有较大影响和适度增加深松铲的数量可以达到节能减阻效果的结论;刘晓红等人采用 ANSYS/LS-DYNA 方法对振动深松土壤切削过程进行了有限元模拟分析,得到了铲柄与铲尖连接处容易成为应力集中区域和振动切削有利于土壤松散和破碎的结论;李博采用离散元法对深松铲耕作阻力的影响因素进行了分析,验证了离散元法对深松铲与土壤相互作用过程分析的准确性,得到了黑熊爪趾仿生深松铲能有效降低耕作阻力的结论;Janda 等人利用离散元法对后掠式深松铲在无黏性土壤中的载荷情况进行了仿真,验证了 Hysteretic Spring Model 模型的准确性;马跃进等人采用仿真和试验的方法对凸圆刃式深松铲的减阻效果进行了分析,验证了 Edinburgh Elasto-Plastic Adhesion 模型的准确性,并初步证明了凸圆刃式深松铲的减阻性能;王学振采用仿真和试验的方法对土壤与带翼深松铲互作关系进行了分析,研究了土壤颗粒大小和分布对带翼深松铲耕作性能的影响规律,标定了翼铲关键安装参数对耕作效率的影响;杭程光等人采用离散元法对深松土壤扰动行为进行了研究,标定了铲距和入土角等因素对土壤扰动行为的影响。已有的研究多关注于槽形和箭形深松铲,而对双翼深松铲作业机理与效果的研究相对较少。

双翼深松铲作为常用的深松机具之一,具有更强的入土和碎土能力、更好的土壤扰动效果及更高的工作效率,但是双翼深松铲的能耗也更大。本案例以双翼深松铲为研究对象,利用离散元分析软件 EDEM 对双翼深松铲的深松过程进行仿真,从土壤扰动状态、土壤运动速度、深松效果和深松铲受力等多个维度对双翼深松铲的深松行为进行了分析。

8.1.1 分析模型

(1)双翼深松铲模型

依据 JB/T 9788—2020《深松铲和深松铲柄》,利用 Creo 三维参数化建模软件建立双翼深松铲模型。模型包括铲尖和铲柄两部分,如图 8-1 所示。其中,铲翼张角 2γ 为 60°,铲宽度 B 为 200 mm,铲尖入土角 α 为 19.5°,铲尖长度 l 为 165 mm,铲柄高度 H 为 600 mm,铲柄切削刃高度 h 为 320 mm,铲柄外圆弧半径 R 为 320 mm,铲柄切削刃圆弧半径 r 为 284 mm,铲柄上部横截面长度 S 为 60 mm,铲柄上部横截面宽度 b 为 25 mm,铲柄切削刃刃角 β 为 60°。建立的深松铲模型保存成 STEP 文件。

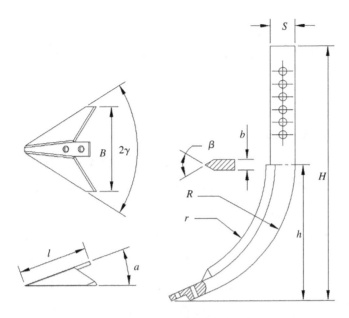

图 8-1　双翼深松铲模型结构示意图

（2）土壤颗粒模型

土壤颗粒一般包含核状、条状、片状和团聚体等结构形式，如图 8-2 所示。经过长期的耕作，农田形成分层结构，从上到下分别为耕作层、犁底层和心土层。耕作层常年受到粉碎、旋耕的作用，土壤容重较小，心土层基本保持了开垦前的自然沉淀形态。因此，采用核状、条状、片状和块状颗粒来模拟耕作层和心土层的土壤颗粒。犁底层是因为长期受到表土作业机械的打击、挤压和降水时黏粒随水沉淀后土壤板结而形成的，而且由于表土作业机械作业深度浅，犁底层土壤长期无法得到翻耕和粉碎，所以土壤透气性差，质地较为紧密。因此，采用团聚体来模拟犁底层的土壤颗粒。土壤颗粒的大小直接影响计算精度和计算时间，颗粒越小，计算需要的时间越长。为了提高计算效率，本案例选择的土壤颗粒直径大小为 6 mm。

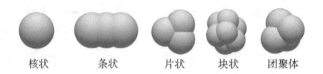

核状　　　条状　　　片状　　　块状　　　团聚体

图 8-2　土壤颗粒模型

（3）土壤颗粒接触模型

接触模型对离散元分析结果的准确性具有重要影响。离散元软件 EDEM 常用的颗粒接触模型主要包括 Hertz-Mindlin（no slip）、Hertz-Mindlin with JKR、Hertz-Mindlin with Bond、Edinburgh Elasto-Plastic Adhesion、Hysteretic Spring 和 Linear Spring 模型。Hertz-Mindlin with JKR 在 Hertz-Mindlin（no slip）模型的基础上考虑了颗粒间的凝聚力，该模型适用于模拟颗粒间因静电和水分等原因发生明显黏结的物料，所以选择 Hertz-Mindlin with JKR 作为耕作层和心土层的土壤颗粒接触模型。其中，耕作层土壤颗粒的表面能为 5.6 J/m²，心土层土壤颗粒的表面能为 6.2 J/m²。相比耕作层和心土层，犁底层要坚硬得多，犁底层颗粒间具有较强的液桥黏结力，因此选用 Hertz-Mindlin with Bond 模型来模拟犁底层土壤颗粒之间的接触。模型的具体参数如表 8-1 所示。

表 8-1　Hertz-Mindlin with Bond 模型参数

参数名称	数值
法向刚度系数/（N·m⁻³）	$2.4×10^6$
切向刚度系数/（N·m⁻³）	$1.8×10^6$
法向临界应力/Pa	$2.35×10^5$
切向临界应力/Pa	$1.86×10^5$
开始时间/s	1.35
黏结半径/mm	7

（4）EDEM 分析模型

我国幅员辽阔，不同地域的土壤特性具有一定的差异。通常，农田犁底层厚度在 100~200 mm，耕作层厚度在 120~160 mm。本案例主要探究双翼深松铲在一般作业条件下的深松机理，暂未考虑不同地区不同土层厚度对深松机理的影响，因此耕作层和犁底层的厚度选取平均值，即耕作层厚度为 150 mm，犁底层厚度为 140 mm。深松作业深度一般在 200~350 mm，本案例分析的双翼深松铲最大作业深度为 300 mm(在深松作业深度范围内),心土层只有 10 mm。为了保证分析结果的准确性,心土层厚度选择 140 mm。为了满足深松作业仿真要求,根据作业深度和双翼深松铲的宽度,在 EDEM 分析模型中建立了尺寸为 1 400 mm×1 000 mm×500 mm 的土槽。根据实际情况,在土槽中自下向上分别建立了 140 mm 厚的心土层、140 mm 厚的犁底层和 150 mm 厚的耕作层。物理特性参照深松作业较多的西北地区土壤,各土层的基本物理特性参数如表 8-2所示。

表 8-2　各土层的基本物理特性参数

参数名称	数值		
	耕作层	犁底层	心土层
土壤颗粒泊松比	0.40	0.42	0.41
土壤颗粒密度/(kg·m^{-3})	1 430	1 720	1 560
土壤剪切模量/Pa	6×10^7	1×10^8	9×10^7
弹性恢复系数	0.13	0.16	0.14
静摩擦系数	0.32	0.34	0.32
动摩擦系数	0.14	0.17	0.16

深松铲的材料选用 65Mn,材料的密度为 7 820 kg/m^3,弹性模量为 2.11×10^{11} Pa,泊松比为 0.35。深松铲与耕作层、犁底层和心土层之间的弹性恢复系数均为 0.6,静摩擦系数分别为 0.31、0.64 和 0.43,滚动摩擦系数分别为 0.11、0.13 和 0.07。深松铲作业深度设置为 300 mm,建立完成的 EDEM 分析模型如图 8-3 所示。

图 8-3　EDEM 分析模型

在建立的 EDEM 分析模型中,耕作层、犁底层和心土层包含的土壤颗粒数量分别为 71 477、38 996 和 48 000 个。设置总仿真时长为 4 s,其中,在 0~1.4 s 生成分析模型并使模型颗粒达到稳定状态;在 1.35 s 时生成犁底层 Hertz-Mindlin with Bond 模型的 Bond 键,数量为 325 876 个;在 1.4 s 时双翼深松铲开始以 0.8 m/s 的速度前进工作。为了后续研究方便,本案例规定深松铲前进方向为纵向,与深松铲前进方向垂直的方向为横向,将总仿真时间的第 1.4 s 设为深松铲工作仿真的第 0 s。下文的时间均指深松铲工作仿真时间。

8.1.2 深松过程中的土壤状态分析

(1)不同时间土壤的扰动状态分析

传统的试验方法很难直观地观察深松过程中的土壤扰动状态,但在 EDEM 分析模型中,可以采用剖视和云图的方法对不同颗粒的位置、运动和能量等信息进行直观的观察。本案例选取深松过程中的四个关键时刻对土壤扰动状态进行剖视,如图 8-4 所示。其中,0.2 s 时双翼深松铲铲尖完全进入土壤,0.4 s 时双翼深松铲铲柄切削刃完全进入土壤,1.0 s 时双翼深松铲进入稳定的工作状态。受分析模型大小的影响,1.6 s 是双翼深松铲稳定工作的最后时刻。

双翼深松铲主要通过对土壤施加挤压和剪切作用来完成深松作业。从图 8-4 中可以看出,当双翼深松铲铲尖完全进入土壤时(0.2 s),铲尖上的心土层土壤直接被剪切并抬升,犁底层在铲尖的挤压作用下,以深松铲为中心明显向上前方凸起,由于耕作层土壤较为松软且犁底层具有缓冲作用,所以耕作层没有明显的变化;当双翼深松铲铲柄切削刃完全进入土壤时(0.4 s),犁底层被挤压出更大的凸起,耕作层也产生了一定形变,距离深松铲越远,土壤的形变越小,在铲柄的作用下,土壤慢慢产生了横向扰动,在耕作层表面逐渐形成了扇形扰动轮廓;在双翼深松铲稳定工作的过程中(1.0~1.6 s),犁底层和耕作层在深松铲的剪切和挤压作用下,不断被向上抬起,犁底层土壤颗粒之间的黏结作用被大量破坏,坚硬的犁底层产生较大的裂纹,同时在土壤颗粒的相互作用下,犁底层和耕作层进一步破碎。随着双翼深松铲不断前进,各层土壤被挤压抬起和剪切后,由于失去深松铲的支撑作用重新落下,耕作层底部和犁底层上部的土壤颗粒发生一定程度的混合,犁底层底部和心土层上部的土壤颗粒发生一定程度的混合,混合现象主要出现在铲柄的后方。总体来看,在双翼深松铲的工作过程中,各层的扰动程度由大到小依次为耕作层、犁底层、心土层;深松铲经过

的土壤表面被抬升了一定的高度,不同层土壤颗粒发生了一定的混合,犁底层
与耕作层的混合程度大于犁底层与心土层的混合程度。

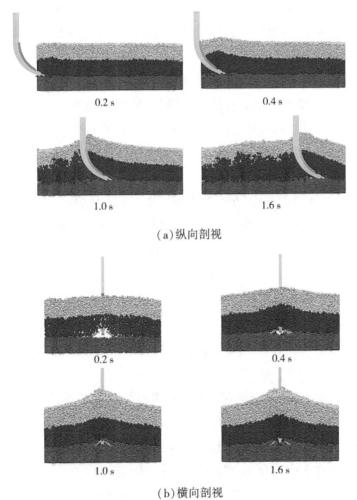

0.2 s

0.4 s

1.0 s

1.6 s

(a)纵向剖视

0.2 s

0.4 s

1.0 s

1.6 s

(b)横向剖视

图 8-4　不同时间土壤的扰动状态

(2)不同位置土壤的扰动状态分析

土壤的扰动状态受土壤与双翼深松铲距离的影响。为了研究土壤与双翼
深松铲的距离对土壤扰动状态的影响,在图 8-4 的基础上,对 1.4 s 时(双翼深
松铲稳定工作)的土壤扰动状态进行纵向剖视和横向剖视。在纵向上,由深松
铲的中心面(0 mm)向一侧每隔 50 mm 剖视一次,如图 8-5(a)所示;在横向上,
以深松铲铲柄上端竖直部分的前表面为中心面(0 mm),分别在两个方向上每

隔 60 mm 剖视一次,经过深松的土壤为负位置,未深松的土壤为正位置,如图 8-5(b)所示。

从图 8-5(a)中可以看出,在双翼深松铲纵向中心位置(0 mm),土壤被深松铲抬升的幅度最大,犁底层被破坏的程度较为严重,经过深松铲作用以后,较多的耕作层土壤颗粒嵌入到犁底层裂缝中;随着与双翼深松铲的距离不断增大(50~200 mm),土壤被抬升的幅度不断减小,犁底层被破坏的程度不断减轻,耕作层与犁底层的土壤颗粒混合程度不断降低;特别在距离双翼深松铲 150~200 mm 的位置,犁底层被破坏的程度非常轻,基本看不见耕作层与犁底层的土壤颗粒混合。双翼深松铲对土壤的纵向扰动程度随着二者之间距离的不断增加而减小。

从图 8-5(b)中可以看出,在双翼深松铲横向中心位置(0 mm),土壤在深松铲的作用下被抬升的幅度最大,犁底层与耕作层的混合程度较小;随着深松过的土壤与双翼深松铲的距离不断增大(-60~-240 mm),被深松铲抬升的土壤不断回落,犁底层上部的颗粒与耕作层的颗粒相互混合,并以深松铲为中心在土壤表面形成了驼峰状耕形;随着未深松的土壤与双翼深松铲的距离不断增大(60~300 mm),土壤被深松铲抬升的高度和范围越来越小,深松铲对土壤的抬升作用呈扇形分布。双翼深松铲对耕作层的扰动程度大于对犁底层的扰动程度。

对比来看,随着土壤与双翼深松铲的距离不断增大,双翼深松铲对土壤的扰动程度不断减小,耕作层与犁底层的土壤颗粒混合程度不断降低,这主要是由于距离深松铲越远,土壤受到深松铲的作用力越小;双翼深松铲对土壤的扰动作用主要体现在土壤抬升、土壤破碎和不同层土壤的混合等方面;双翼深松铲对耕作层的扰动程度大于对犁底层的扰动程度,这主要是因为耕作层位于犁底层之上,深松铲本身的扰动作用被犁底层放大。

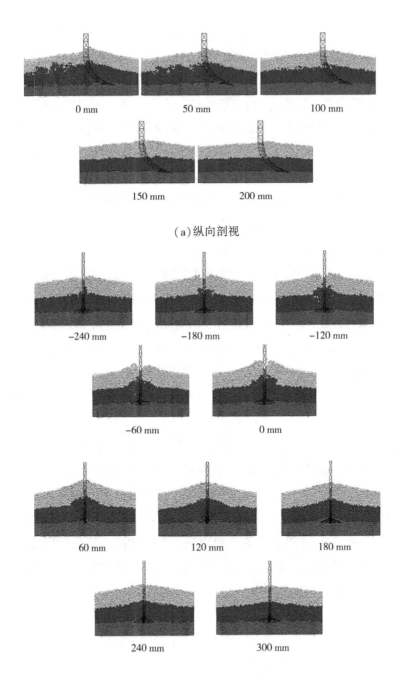

（a）纵向剖视

（b）横向剖视

图 8-5 不同位置土壤的扰动状态

（3）土壤运动状态分析

①不同位置土壤的运动状态分析

为了进一步探究深松过程中双翼深松铲对土壤运动状态的影响,对1.4 s时(双翼深松铲稳定工作状态)的土壤运动状态进行纵向剖视和横向剖视。在纵向上,由双翼深松铲的中心面(0 mm)向一侧每隔50 mm剖视一次速度矢量云图,如图8-6(a)所示;在横向上,以双翼深松铲铲柄上端竖直部分的前表面为中心面(0 mm),分别在两个方向100 mm位置上剖视一次速度矢量云图,经过深松的土壤为负位置,未深松的土壤为正位置,如图8-6(b)所示。

从图8-6(a)中可以看出,在双翼深松铲纵向中心位置(0 mm),深松铲铲柄圆弧内的土壤颗粒均具有较大的运动速度,靠近铲柄圆弧的土壤颗粒运动速度最大,土壤颗粒的运动方向基本与铲柄圆弧曲线垂直;双翼深松铲后方一定范围内的土壤颗粒也具有一定运动速度,这主要是因为失去深松铲作用的土壤颗粒回填到深松形成的垄沟中,该部分土壤颗粒的运动方向基本指向垄沟的最深处;随着与深松铲的距离不断增大(50~100 mm),土壤颗粒的运动速度明显减小,运动土壤颗粒的数量明显减少,铲柄圆弧附近的土壤颗粒基本静止,这与深松铲深松作业时产生的扇形扰动空间是相符的,深松铲前方土壤颗粒的运动方向呈发散状。

从图8-6(b)中可以看出,在双翼深松铲横向中心位置(0 mm),由于土壤基本被深松铲抬升到了最高位置,土壤颗粒的运动方向较为混乱,并且由于深松铲铲柄是圆弧形的,中下部土壤首先失去深松铲的支撑开始向垄沟中回填;在距离双翼深松铲横向中心100 mm的位置,大部分土壤颗粒的运动方向以深松铲为中心向外发散,小部分土壤颗粒因失去深松铲的支撑作用回填入垄沟;在距离双翼深松铲横向中心-100 mm的位置,由于失去深松铲的支撑,土壤颗粒以垄沟最深处为方向进行回填。

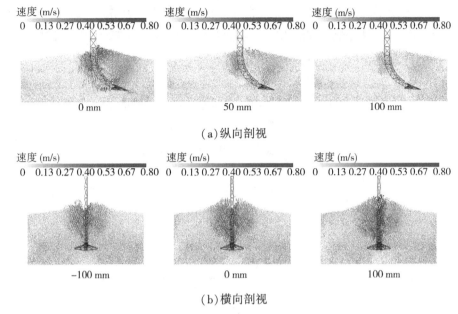

（a）纵向剖视

（b）横向剖视

图 8-6　不同位置土壤的运动状态

②不同层土壤的运动速度分析

为了进一步研究深松过程中耕作层、犁底层和心土层土壤的运动速度情况,从离散元分析模型中获取了深松过程中不同层土壤在水平方向(x 分量)、侧向(y 分量)和竖直方向(z 分量)的最大运动速度,如图 8-7 所示。从土壤颗粒最大运动速度的 x 分量[图 8-7(a)]来看,稳定工作状态下耕作层、犁底层和心土层土壤颗粒最大运动速度 x 分量平均值分别为 0.885 9 m/s、0.835 4 m/s 和 0.790 8 m/s,耕作层土壤颗粒最大运动速度 x 分量平均值最大,这主要是因为双翼深松铲在耕作层位置的竖直夹角最小,在 x 分量上对耕作层的作用力最大,耕作层、犁底层和心土层土壤颗粒最大运动速度 x 分量平均值依次减小。从土壤颗粒最大运动速度的 y 分量[图 8-7(b)]来看,稳定工作状态下耕作层、犁底层和心土层土壤颗粒最大运动速度 y 分量平均值分别为 0.426 9 m/s、0.818 2 m/s 和 0.635 4 m/s,犁底层和心土层的最大运动速度 y 分量平均值较大,这主要是因为犁底层和心土层受到深松铲的剪切和挤压作用较大,在 y 分量上产生了较大的运动速度。从土壤颗粒最大运动速度的 z 分量[图 8-7(c)]来看,稳定工作状态下耕作层、犁底层和心土层土壤颗粒最大运动速度 z 分量平均值分别为 0.941 8 m/s、0.591 4 m/s 和 0.433 2 m/s,耕作层土壤颗粒最大运

动速度 z 分量平均值最大,这主要是因为深松铲的抬升作用由犁底层传递到耕作层,在传递过程中土壤之间的相互作用将扰动作用放大。在双翼深松铲深松过程中,土壤颗粒最大运动速度分量由大到小依次为 z 分量、x 分量、y 分量。

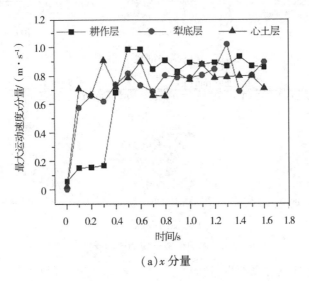

(a)x 分量

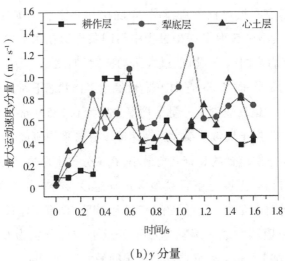

(b)y 分量

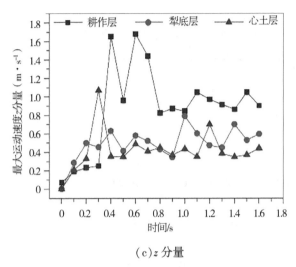

（c）z 分量

图 8-7　不同层土壤颗粒的运动速度

（4）双翼深松铲的深松效果评价

①土壤扰动系数与土壤膨松度

土壤扰动系数和土壤膨松度是衡量深松作业质量的重要指标。在双翼深松铲以 0.8 m/s 为深松速度、以 300 mm 为深松深度进行稳定工作时（0~1.6 s）对土壤进行横向剖视。在土壤剖视截面的横向尺寸（1 000 mm）上等距标记 31 个点，分别统计深松前和深松后每个标记点位置最高的土壤颗粒的 z 坐标值，并利用深松前的 z 坐标值绘制深松前地表线，利用深松后的 z 坐标值绘制深松后地表线。然后再统计每个标记点位置发生改变的土壤颗粒的 z 坐标值，并绘制深松后沟底线，如图 8-8 所示。土壤膨松度 p 按照式（8-1）计算，土壤扰动系数 γ 按照式（8-2）计算。

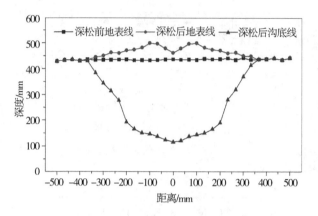

图 8-8 土壤扰动截面轮廓线

$$p = \frac{A_h - A_q}{A_q} \times 100\% \tag{8-1}$$

$$\gamma = \frac{A_s}{A_q} \times 100\% \tag{8-2}$$

式中,p 为土壤膨松度(%),γ 为土壤扰动系数(%),A_h 为理论深松沟底线与深松后地表线间的面积(mm^2),A_q 为理论深松沟底线与深松前地表线间的面积(mm^2),A_s 为深松后沟底线与深松前地表线间的面积(mm^2)。

利用 Matlab 进行插值和积分计算,得到双翼深松铲的土壤扰动系数与土壤膨松度,如表 8-3 所示。根据深松铲工作性能评定指标,土壤扰动系数应大于等于 50%,土壤膨松度应小于等于 40%。从表 8-3 中可以看出,双翼深松铲在 0.8 m/s 深松速度、300 mm 深松深度稳定工作时,其土壤扰动系数为 63.9%,土壤膨松度为 11.1%。

表 8-3 土壤扰动效果分析

指标	A_h /mm^2	A_q /mm^2	A_s /mm^2	$p/\%$	$\gamma/\%$
数值	2.60×10^5	2.35×10^5	1.50×10^5	11.1	63.9

②地表平整度

地表平整度也是衡量深松作业质量的指标之一。在双翼深松铲稳定工作区间内,等距截取 3 个厚度为 50 mm 的土壤切片,在每个切片横向尺寸(1 000 mm)上等距标记 31 点,然后记录每个标记点土壤在深松后土壤颗粒 z 坐标最大值与深松前地表线 z 坐标值的差值,分别计算每个切片所有标记点土壤在深松后土壤颗粒 z 坐标最大值与深松前地表线 z 坐标值差值的平均值和标准差,平均值通过式(8-3)计算,标准差通过式(8-4)计算。

$$a_k = \frac{\sum_{j=1}^{h_k} a_{kj}}{n_k} \tag{8-3}$$

$$S_k = \left(\frac{\sum_{j=1}^{h_k} (a_{kj} - a_k)^2}{n_k - 1} \right)^{\frac{1}{2}} \tag{8-4}$$

式中, a_k 为第 k 个土壤切片所有标记点土壤在深松后土壤颗粒 z 坐标最大值与深松前地表线 z 坐标值差值的平均值, k 取值 1、2、3; a_{kj} 为第 k 个土壤切片第 j 个标记点土壤在深松后土壤颗粒 z 坐标最大值与深松前地表线 z 坐标值的差值, k 取值 1、2、3, j 取值 1~31 之间所有的整数; n_k 为第 k 个土壤切片所有标记点的数量, $n_k = 31$; S_k 为第 k 个土壤切片所有标记点土壤在深松后土壤颗粒 z 坐标最大值与深松前地表线 z 坐标值差值的标准差, k 取值 1、2、3。

以标准差 S_k 表示深松后的地表平整度,三个土壤切片的标准差分别为 21.32 mm、23.02 mm、22.96 mm,对三个标准差求平均值,得到双翼深松铲在 0.8 m/s 深松速度、300 mm 深松深度时的地表平整度为 22.43 mm。

8.1.3　双翼深松铲的受力情况分析

深松过程中深松铲受到的阻力是深松铲功耗的主要来源,也是衡量深松铲质量的重要指标之一。在分析模型中提取深松过程(0~1.6 s)双翼深松铲的受力情况,如图 8-9 所示。双翼深松铲在 0.8 m/s 深松速度、300 mm 深松深度的稳定工作状态(1.0~1.6 s)下,深松阻力 F 平均大小为 1 912.42 N,深松阻力 F 的 x 方向分量 F_x 平均大小为 1 694.67 N,深松阻力 F 的 y 方向分量 F_y(深松铲单侧)平均大小为 70.65 N,深松阻力 F 的 z 方向分量 F_z 平均大小为 880.26 N。深松过程中双翼深松铲受到的阻力主要来源于土壤对深松铲前进的阻碍作用,深松铲向上抬升土壤也产生了一定的阻力,土壤对深松铲侧面的挤压作用力较小。

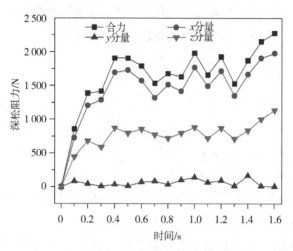

图 8-9　深松铲的受力情况

不同土层对深松铲的作用差异较大,为了进一步研究不同土层对双翼深松铲深松过程的作用力,在分析模型中分别统计耕作层、犁底层和心土层对深松铲的作用力。由于深松阻力 F 的 y 方向分量 F_y 较小,这里主要研究不同层土壤对双翼深松铲的作用力及其 x 方向分量和 z 方向分量,如图 8-10 所示。耕作层[图 8-10(a)]对双翼深松铲的作用力较小,稳定工作状态下耕作层对深松铲的作用力 f_t 的平均值为 193.47 N,其 x 方向分量 f_{tx} 的平均值为 188.91 N,其 z 方向分量 f_{tz} 的平均值为 16.85 N,耕作层对深松铲的作用力基本是土壤对深松铲前进的阻力。犁底层[图 8-10(b)]对双翼深松铲的作用力最大,稳定工作状态下犁底层对深松铲的作用力 f_p 的平均值为 1 416.18 N,其 x 方向分量 f_{px} 的平均值为 1 187.83 N,其 z 方向分量 f_{pz} 的平均值为 763.95 N。在双翼深松铲前进和抬升土壤两个方面,土壤的阻碍作用力较大,这主要是因为犁底层较坚硬,深松铲铲尖主要工作区在犁底层。心土层[图 8-10(c)]对双翼深松铲的作用力较大,稳定工作状态下心土层对深松铲的作用力 f_c 的平均值为 323.98 N,其 x 方向分量 f_{cx} 的平均值为 298.86 N,其 z 方向分量 f_{cz} 的平均值为 108.74 N。深松铲铲尖的最前端工作区在心土层,铲尖是深松铲挤压和剪切土壤的主要工作部件,因此 x 方向分量 f_{cx} 较大。深松铲铲尖在心土层中的高度只有 10 mm,与土壤的接触面积小,因此 z 方向分量 f_{cz} 较小。

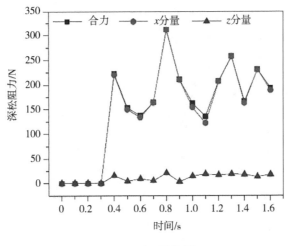

(a) 耕作层

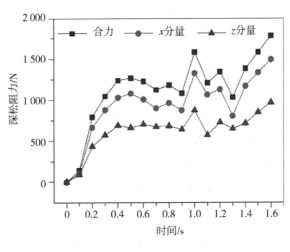

(b) 犁底层

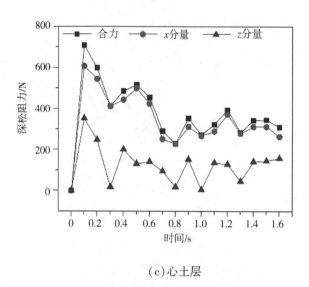

（c）心土层

图 8-10　不同土层对深松铲的作用力

8.2　凿形深松铲的磨损行为仿真

深松作业是保护性耕作的重要方式之一,它利用深松铲对土壤进行疏松而不进行翻动,弥补了传统耕作方式的不足,减少了水土流失,提高了土壤蓄水保墒的能力。深松铲在作业过程中需要对耕土层和犁底层进行扰动,土壤颗粒与深松铲之间不断摩擦,而犁底层土壤较为坚硬,导致深松铲的磨损失效问题更加突出。

随着计算机技术的不断发展,国内外学者采用有限元法对深松铲的磨损问题进行了研究,并取得了较好的结果。但是,有限元法主要应用于连续、均匀体问题的研究,难以准确地描述深松过程中深松铲与土壤颗粒的相互作用过程。近年来,离散元法被广泛应用于深松作业过程的分析研究,该方法能有效地仿真深松部件与土壤颗粒的相互作用过程,国内外学者对离散元法模拟深松过程的准确性进行了验证。张闯闯等人采用离散元法对铧式犁铲的磨损特性进行了研究,得到了深松速度对铧式犁铲磨损的影响大于土壤密度对铧式犁铲磨损的影响的结论。李玲玲等人采用离散元法对圆弧形深松铲的作业过程进行了分析,得到了影响深松阻力的因素由大到小依次为深松深度、土壤含水量、工作速度的结论。顿国强等人采用离散元法对轻型凿形深松铲的深松载荷进行了仿真,得到了深松阻力随深松铲入土深度的增加而减小的结论。现有研究多侧重于深松铲的深松阻力和减阻技术,而对深松铲磨损行为的研究较少。

　　本案例以凿形深松铲为研究对象,采用离散元法对凿形深松铲的磨损行为进行分析,重点探究凿形深松铲不同工作部件的磨损行为特点,以期为凿形深松铲的设计与优化提供参考。

8.2.1　分析模型

　　(1)凿形深松铲模型

　　分析对象为符合 JB/T 9788—2020《深松铲和深松铲柄》标准的中型深松铲柄和凿形深松铲尖组成的凿形深松铲。凿形深松铲的结构如图 8-11 所示。其中,凿形深松铲总高 H 为 615 mm,铲柄切削刃高度 h 为 335 mm,铲柄外圆弧半径 R 为 320 mm,铲柄切削刃圆弧半径 r 为 284 mm,铲柄切削刃刃角 β 为 60°,铲柄宽度 b 为 25 mm,凿形铲尖宽度 B 为 60 mm,铲尖长度 l 为 165 mm,铲尖入土角 α 为 23°。根据图 8-11 所示的结构,使用 Creo 建立凿形深松铲的参数化模型,并保存成通用的 STP 文件。

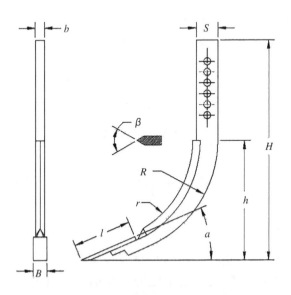

图 8-11　凿形深松铲结构示意图

(2)土壤颗粒模型和土壤颗粒接触模型

土壤颗粒模型和土壤颗粒接触模型分别与 8.1.1 的第二部分和第三部分相同,在此不再赘述。

(3)土壤颗粒与凿形深松铲的接触模型和磨损模型

切向磨粒磨损和法向冲击磨损是磨损的主要形式。EDEM 软件中的 Relative Wear 模型能对切向磨粒磨损和法向冲击磨损进行识别,并显示最容易发生磨损的位置。Relative Wear 模型衡量磨损程度的四个指标分别是切向累积接触力 $F_{\tau c}$、切向累积接触能 E_{τ}、法向累积接触力 F_{nc} 和法向累积接触能 E_n,它们的计算方法如式(8-5)至式(8-8)所示。

$$F_{\tau c} = \sum |F_{\tau}| \tag{8-5}$$

$$E_{\tau} = \sum |F_{\tau} \boldsymbol{v}_{\tau} \delta| \tag{8-6}$$

$$F_{nc} = \sum |F_n| \tag{8-7}$$

$$E_n = \sum |F_n \boldsymbol{v}_n \delta| \tag{8-8}$$

式中,F_{τ} 为切向力(N),$\boldsymbol{v}_{\tau}$ 为切向相对速度(m/s),F_n 为法向力(N),$\boldsymbol{v}_n$ 为法向相对速度(m/s),δ 为计算时间步长。

Archard Wear 模型是基于 Archard 磨损理论的磨损计算模型,能为深松铲磨损的区域给出近似的几何体表面磨损深度值。

Archard 计算公式为:

$$\Delta h = \frac{Kp}{H} \Delta s \tag{8-9}$$

式中,Δh 为材料磨损量(m),K 为常量,H 为材料硬度(Pa),p 为单元法向压强(Pa),Δs 为滑动距离(m)。

本案例使用 Relative Wear 模型和 Archard Wear 模型对凿形深松铲的磨损行为进行辨识,并计算磨损深度值。

(4)EDEM 分析模型

我国农田的耕作层厚度在 120～200 mm,犁底层厚度在 100～200 mm。本案例研究的凿形深松铲最大作业深度为 335 mm,一般深松作业的深度为 300 mm,为了满足凿形深松铲的仿真需求,在 EDEM 中建立尺寸为 1 400 mm×1 000 mm×500 mm 的土槽。在土槽中自下向上分别建立 130 mm 厚的心土层、

140 mm 厚的犁底层和 150 mm 厚的耕作层,各土层的物理特性参数如表 8-4 所示。

表 8-4　各土层的基本物理特性参数

参数名称	数值		
	耕作层	犁底层	心土层
土壤颗粒泊松比	0.40	0.42	0.41
土壤颗粒密度/(kg·m^{-3})	1 430	1 720	1 560
土壤剪切模量/Pa	6×10^7	1×10^8	9×10^7
弹性恢复系数	0.13	0.16	0.14
静摩擦系数	0.32	0.34	0.32
动摩擦系数	0.14	0.17	0.16
磨损常数/(m^2·N^{-1})	1.2×10^{-12}	2.0×10^{-12}	1.4×10^{-12}

　　深松铲柄和凿形铲尖选用 65Mn 材料,其密度为 7 820 kg/m^3,弹性模量为 2.11×10^{12} Pa,泊松比为 0.35,表面硬度为 55 HRC。65Mn 材料与耕作层、犁底层和心土层之间的弹性恢复系数均为 0.6,静摩擦系数分别为 0.31、0.64 和 0.43,滚动摩擦系数分别为 0.11、0.13 和 0.07。由于 EDEM 软件对几何体的网格划分较粗糙,本案例利用 HyperMesh 对凿形深松铲进行精细网格划分后,再将其导入 EDEM 中分析。凿形深松铲作业深度设置为 300 mm,建立完成的 EDEM 分析模型如图 8-12 所示。

图 8-12　EDEM 分析模型

　　设置总仿真时间为 4 s,在 0~1.4 s 内生成土壤颗粒,并使颗粒堆积达到稳定状态,生成犁底层 Hertz-Mindlin with Bond 模型的 Bond 键,在 1.4 s 时凿形深松铲以 0.8 m/s 的前进速度进行深松作业。为了后续分析方便,本案例规定将总仿真时间的第 1.4 s 设为深松铲工作仿真的第 0 s。

8.2.2 凿形深松铲的磨损行为分析

(1)土壤状态分析

深松过程主要涉及深松铲对土壤的挤压和剪切作用,也包括土壤颗粒之间的相互作用。为了分析深松过程中土壤对凿形深松铲的作用情况,在 EDEM 分析模型中对土壤进行剖视,并分析深松过程中土壤的运动情况,如图 8-13 和图 8-14 所示。

从图 8-13 中可以看出,在凿形深松铲的作用下,深松铲前方的土壤不断被整体抬起,不同层的土壤颗粒没有发生混合,被抬起的土壤以深松铲铲尖为中心呈扇形分布,土壤与深松铲前表面的相互作用主要为滑动摩擦。随着深松作业的不断进行,被抬起的土壤颗粒失去深松铲的支撑,从高处向垄沟底部下落,下落过程中不同层的土壤颗粒发生了一定程度的混合。

(a)纵向剖视

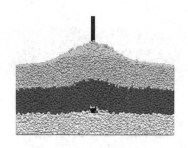

(b)横向剖视

图 8-13　土壤颗粒的分布状态

从图 8-14 中可以看出,深松过程中运动速度最大的土壤颗粒出现在凿形深松铲的前表面附近,随着与深松铲距离的不断增大,土壤颗粒的运动速度不断减小。深松铲前表面附近的土壤颗粒的运动方向与深松铲的半径方向存在一定的夹角,该夹角在深松铲的最低位置最大,随着高度的上升,该夹角不断减小,当达到深松铲铲柄竖直部分时,该夹角基本为 0。距离深松铲前表面较远的土壤颗粒的运动方向基本与铲柄切削刃半径方向一致,这说明凿形深松铲前表面附近的土壤颗粒与凿形深松铲之间存在一定的相对滚动。

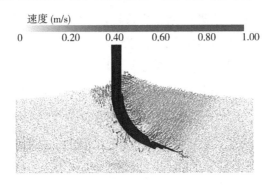

(a)纵向剖视

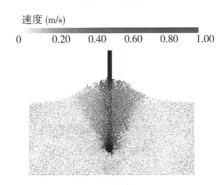

(b)横向剖视

图 8-14　土壤颗粒的运动速度

(2)凿形深松铲的受力情况分析

为了进一步说明凿形深松铲在深松过程中与土壤颗粒的相互作用情况,分别获取了铲尖、铲柄和凿形深松铲(整体)在水平方向(x 分量)、垂直方向(z 分量)和侧向(y 分量)的受力情况,如图 8-15 所示。从图中可以看出,凿形深松铲的不同部件在不同方向上的受力情况有较大差异。

在稳定工作状态下,铲尖在水平方向(x 分量)、垂直方向(z 分量)和侧向(y 分量)受力大小的平均值分别为 676.5 N、551.7 N 和 36.8 N,铲尖在水平方向和垂直方向的受力大小接近,在侧向的受力较小;水平方向受力主要来源于土壤颗粒对铲尖前进的阻碍作用,垂直方向受力主要来源于铲尖抬升土壤的阻力。在稳定工作状态下,铲柄在水平方向(x 分量)、垂直方向(z 分量)和侧向(y 分量)受力大小的平均值分别为 661.9 N、174.6 N 和 46.1 N,铲柄受力主要来源于土壤颗粒对铲柄前进的阻碍作用,深松过程中土壤的抬升主要由铲尖完成,而且铲尖在前方对土壤进行挤压和破碎,也降低了凿形深松铲的受力。在稳定工作状态下,铲尖受到的作用力为 875.9 N,铲柄受到的作用力为 687.3 N,凿形深松铲受到的总作用力为 1 563.2 N。由于铲尖与土壤的接触面积远小于铲柄与土壤的接触面积,因此在深松过程中铲尖的磨损较为严重。另外,铲尖在深松过程中的受力较为平稳,铲柄在深松过程中的受力变化较大。

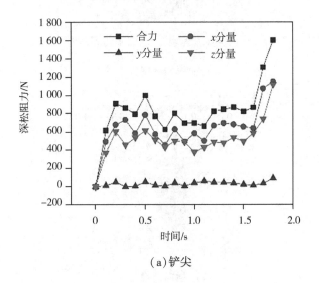

(a)铲尖

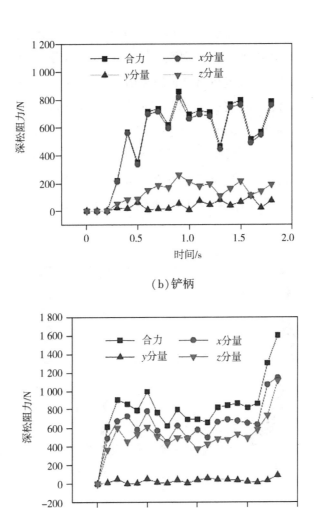

（b）铲柄

（c）整体

图 8-15　深松铲的受力情况

（3）凿形深松铲的磨损情况分析

完成 1 400 mm 长度的深松作业后,利用 Relative Wear 模型识别凿形深松铲的磨损方式,并确定累积接触力和累积接触能的分布情况,如图 8-16 所示。图 8-16(a)和图 8-16(c)分别是凿形深松铲在法向上和切向上的累积接触力。在两个方向上,铲尖的累积接触力大于铲柄的累积接触力。凿形深松铲在切向上的累积接触力远大于在法向上的累积接触力,法向累积接触力的最大值为

1.8×10⁵ N,切向累积接触力的最大值为 4.8×10⁵ N。铲柄底部存在一个凸起,由于其相对高度大于铲尖上表面的高度,与土壤的相互作用较为强烈,所以累积接触力较为集中,应对该凸起进行合理的优化。图 8-16(b)和图 8-16(d)分别是凿形深松铲在法向上和切向上的累积接触能,其反映的磨损位置与累积接触力反映的磨损位置一致。凿形深松铲在切向上的累积接触能大于在法向上的累积接触能,法向累积接触能的最大值为 0.89 J,切向累积接触能的最大值为 2.05 J。在铲尖的上表面,磨损痕迹呈长条状,不同磨损痕迹平行分布;在铲柄的表面,磨损痕迹也呈长条状,并与水平面基本平行,主要出现在铲柄切削刃的表面。

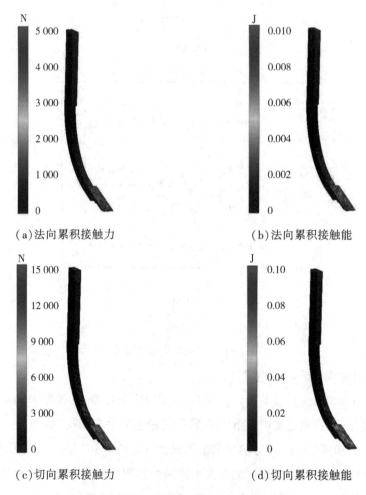

(a)法向累积接触力　　　　　　　　(b)法向累积接触能

(c)切向累积接触力　　　　　　　　(d)切向累积接触能

图 8-16　深松铲的累积接触力与累积接触能

　　了解凿形深松铲的磨损分布情况后,利用 Archard Wear 模型对其实际磨损深度进行了分析,如图 8-17 所示。从图中可以看出,铲尖的磨损较为严重,磨损深度的最大值为 $6.6×10^{-3}$ mm,且铲尖后部的磨损深度比前部的磨损深度大。铲柄切削刃也有较大的磨损,这主要是由于铲柄切削刃与土壤颗粒的接触面积小,承受的压力大,铲柄下部的磨损深度比上部的磨损深度大。

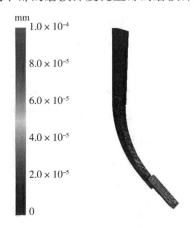

mm
1.0 × 10⁻⁴
8.0 × 10⁻⁵
6.0 × 10⁻⁵
4.0 × 10⁻⁵
2.0 × 10⁻⁵
0

图 8-17　深松铲的磨损深度

　　(4)凿形深松铲不同区域的磨损情况对比分析

　　在深松过程中,凿形深松铲不同位置受到土壤颗粒的作用力不同。为了进一步说明凿形深松铲不同位置的磨损情况,本案例在凿形深松铲易磨损的位置建立多个样本选区,采集样本选区内的磨损深度数据并进行比较分析,如图 8-18 所示。其中,在铲尖的前表面建立样本选区 A1;在铲尖的上表面均匀地建立四个样本选区,由下至上依次为 C1、C2、C3 和 C4;在铲柄切削刃上均匀地建立四个样本选区,由下至上依次为 B1、B2、B3 和 B4。

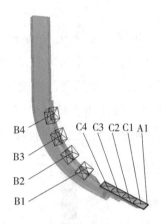

图 8-18   凿形深松铲表面的样本选区

铲柄切削刃的磨损深度随高度的增加而减小,如图 8-19(a)所示。在稳定工作状态(0.5~1.6 s)下,铲柄切削刃 B1、B2、B3 和 B4 样本选区磨损深度的增长率分别为 2.25×10^{-5} mm/s、1.31×10^{-5} mm/s、7.56×10^{-6} mm/s 和 2.24×10^{-6} mm/s,铲柄切削刃磨损深度平均值的增长率为 1.04×10^{-5} mm/s。铲柄切削刃 B1 样本选区工作在犁底层,由于犁底层较为坚硬,所以该区域的铲柄切削刃磨损最严重;随着高度的提升,土壤硬度不断降低,深松铲需要挤压和破碎的土壤质量不断减小,铲柄切削刃的磨损深度不断减小。

铲尖前表面是凿形深松铲磨损最严重的区域,如图 8-19(b)所示。在稳定工作状态下,铲尖前表面 A1 样本选区磨损深度的增长率为 1.77×10^{-4} mm/s,铲尖前表面是挤压和剪切土壤的主要工作部分,与土壤颗粒的相互作用最强烈。

铲尖上表面的磨损深度随着高度的增加而增大,如图 8-19(c)所示。在稳定工作状态下,铲尖上表面 C1、C2、C3 和 C4 样本选区磨损深度的增长率分别为 3.08×10^{-5} mm/s、6.11×10^{-5} mm/s、9.41×10^{-5} mm/s 和 1.33×10^{-4} mm/s,铲尖上表面磨损深度平均值的增长率为 6.66×10^{-5} mm/s。在铲尖前表面的作用下,土壤被挤压切碎并产生一定的抬升,导致铲尖上表面前端受到的磨损作用要小于后端受到的磨损作用,所以铲尖上表面前端的磨损程度小于后端的磨损程度。铲尖的磨损程度大于铲柄切削刃的磨损程度。

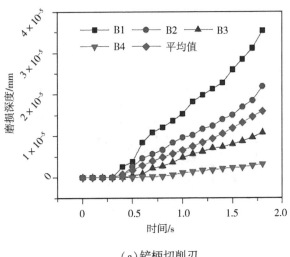

（a）铲柄切削刃

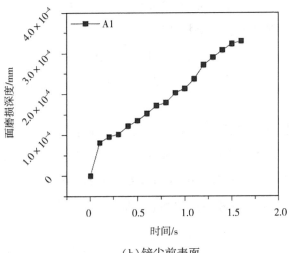

（b）铲尖前表面

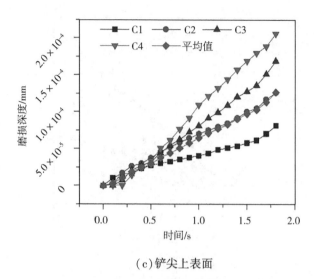

（c）铲尖上表面

图 8-19　深松铲不同位置的磨损深度

（5）深松速度对凿形深松铲磨损的影响分析

在 EDEM 中进行深松速度分别为 0.4 m/s、0.6 m/s 和 1.0 m/s 的仿真试验，然后分析深松速度对铲柄切削刃、铲尖上表面和铲尖前表面磨损的影响，如图 8-20 所示。

图 8-20（a）是不同深松速度下铲柄切削刃磨损深度的变化情况。在稳定工作状态下，深松速度为 0.4 m/s、0.6 m/s、0.8 m/s 和 1.0 m/s 时，铲柄切削刃磨损深度的增长率分别为 5.31×10^{-6} mm/s、6.95×10^{-6} mm/s、1.04×10^{-5} mm/s 和 1.72×10^{-5} mm/s。随着深松速度的不断增加，铲柄切削刃磨损深度的增长率不断增大。

图 8-20（b）是不同深松速度下铲尖上表面磨损深度的变化情况。在稳定工作状态下，深松速度为 0.4 m/s、0.6 m/s、0.8 m/s 和 1.0 m/s 时，铲尖上表面磨损深度的增长率分别为 3.00×10^{-5} mm/s、4.68×10^{-5} mm/s、6.66×10^{-5} mm/s 和 8.87×10^{-5} mm/s。随着深松速度的不断增加，铲尖上表面磨损深度的增长率不断增大。在任意时刻，铲尖上表面磨损深度的增长率大于铲柄切削刃磨损深度的增长率。

图 8-20（c）是不同深松速度下铲尖前表面磨损深度的变化情况。随着深松速度的不断增加，铲尖前表面磨损深度的增长率不断增大，铲尖前表面磨损

深度的增长率大于铲尖上表面磨损深度的增长率。

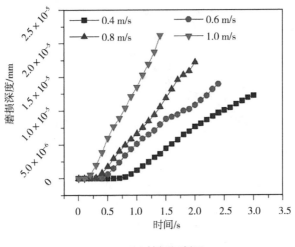

（a）铲柄切削刃

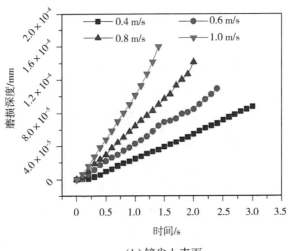

（b）铲尖上表面

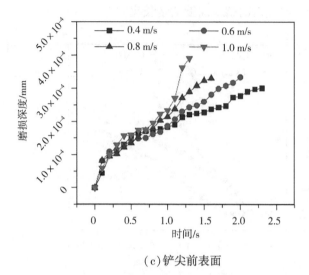

（c）铲尖前表面

图 8-20   不同深松速度对深松铲磨损深度的影响

8.3   基于 DEM-FEA 的圆盘开沟机刀盘的力学特性仿真

开沟机主要用于开挖排灌沟、施肥沟和电缆管道掩埋沟等,其种类主要包括螺旋式、链齿式和圆盘式。圆盘开沟机因具有开沟效率高、作业效果较好和维护成本低的优点而被广泛应用。在开沟过程中,圆盘开沟机需要将待开沟位置的土壤完全切碎并抛至地表以上,工作强度较大。开沟机的开沟深度一般为350 mm,相比于常规土壤作业机械,该工作深度较大,而且土壤中可能存在大小不一的石块。这对圆盘开沟机的刀盘强度提出了更高的要求。

本案例采用 DEM-FEA 方法。首先建立圆盘开沟机刀盘开沟过程的分析模型,并将开沟过程中土壤对刀盘的作用力传递到 ANSYS Workbench 中,然后对圆盘开沟机的刀盘进行静力学分析和模态分析,以期为后续圆盘开沟机刀盘的优化提供参考。

8.3.1   分析模型

（1）圆盘开沟机模型

圆盘开沟机主要由主机架、下机架、后遮板、左刀盘、右刀盘、侧挡板和传动机构组成。本案例研究的对象是圆盘开沟机的刀盘,刀盘主要由圆盘、刀架、圆盘刀片和内侧刀片组成,刀盘的两侧分别安装六把圆盘刀片,刀盘的内侧均匀安装了三把内侧刀片,如图 8-21 所示。利用 SolidWorks 建立刀盘的三维模型并保存成 STEP 文件。

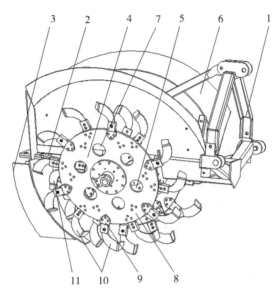

1-主机架,2-下机架,3-后遮板,4-左刀盘,5-右刀盘,6-侧挡板,
7-传动机构,8-圆盘,9-刀架,10-圆盘刀片,11-内侧刀片

图 8-21　圆盘开沟机结构示意图

(2)土壤接触模型

接触模型是离散元法计算的重要依据,对计算结果的准确性至关重要。土壤颗粒呈现一定的黏性,因此选择 Hertz-Mindlin with JKR 作为土壤颗粒之间的接触模型,Hertz-Mindlin with JKR 在 Hertz-Mindlin(no slip)模型的基础上考虑了颗粒间的凝聚力,该模型适用于模拟颗粒间因静电和水分等原因发生明显黏结的物料。土壤颗粒的表面能为 6.8 J/m^2,土壤颗粒的特性参数如表 8-5 所示。

表 8-5　土壤颗粒的特性参数

参数名称	数值
土壤颗粒泊松比	0.40
土壤颗粒半径/mm	6
土壤颗粒密度/($kg \cdot m^3$)	1 430
土壤剪切模量/ Pa	6×10^7
弹性恢复系数	0.13
静摩擦系数	0.32
动摩擦系数	0.14
磨损常数/($m^2 \cdot N^{-1}$)	1.2×10^{-12}

（3）EDEM 分析模型

刀盘的外直径为 1 075 mm，为了满足刀盘切削土壤过程的仿真需求，在 EDEM 软件中建立一个尺寸为 1 400 mm×1 000 mm×500 mm 的土槽，并在土槽中生成厚度为 400 mm 的土壤颗粒层。

刀盘为 65Mn 材料，其密度为 7 820 kg/m^3，弹性模量为 2.11×10^{11} Pa，泊松比为 0.28。65Mn 材料与土壤颗粒的弹性恢复系数为 0.60，静摩擦系数为 0.31，滚动摩擦系数为 0.11。

由于 EDEM 软件本身对网格的划分比较粗糙，不利于精确采集刀盘的受力数据，因此将所建立的刀盘模型导入到 HyperMesh 中。采用六面体主导的网格划分方法进行网格划分，并将最大网格尺寸限制为 4 mm，划分完成的网格保存成 MSH 文件。

将刀盘的网格文件导入到 EDEM 中，设置刀盘的切斜角度为 22°，以模拟刀盘在实际工作中的位置。设置开沟深度为 350 mm，设置刀盘的转度和前进速度分别为 228 r/min 和 0.8 m/s。建立完成的 EDEM 分析模型如图 8-22 所示。

图 8-22　EDEM 分析模型

仿真完成后,在 EDEM 分析模型中提取开沟过程中土壤对刀盘的作用力,作为后续有限元分析的条件。

8.3.2　静力学分析

利用 ANSYS Workbench 对刀盘进行静力学分析。静力学分析是机械结构在平衡力作用下的力学特性分析方法,也是最常用的机械结构力学特性分析方法之一。

(1)静力学分析预处理

将刀盘的三维模型导入到 ANSYS Workbench 中,并采用六面体主导的网格划分方法对刀盘进行网格划分。然后在材料库中新建 65Mn 材料,其密度为 7 820 kg/m^3,弹性模量为 $2.11×10^{11}$ Pa,泊松比为 0.28,屈服强度为 380 MPa,抗拉强度为 450 MPa。

在工作过程中,刀盘受到的载荷主要有两个:第一,土壤颗粒对刀盘的作用力;第二,刀盘高速旋转的离心力。土壤颗粒对刀盘的作用力在离散元模型中已经导出,将其导入到 ANSYS Workbench 中并覆盖到刀盘上。离心力则是以刀盘安装轴孔为中心施加 228 r/min 的转速来模拟。施加载荷后,在刀盘安装轴孔的内表面施加无摩擦圆柱约束对刀盘的位置进行限制。

(2)静力学分析结果

将预处理完成的模型提交至 ANSYS Workbench 中求解计算,将求解结果进行后处理,得到刀盘在转速 228 r/min、开沟深度 350 mm 时的等效应力云图和总形变云图。

图 8-23 是刀盘的等效应力云图,从图中可以看出,内侧刀片尾端的应力较大,最大应力为 150.9 MPa,该值远小于材料的屈服强度 380 MPa。但是由于应力较大,而且内侧刀片随刀盘的转动受到交替外力的作用,容易产生疲劳断裂。每个刀盘上的内侧刀片有三把,内侧刀片需要切削的土壤平均量较大,因此受到土壤的作用力也较大,导致内侧刀片尾端的应力较大。圆盘刀片的尾端也出现了较大应力,因为圆盘刀片也受到交替外力的作用,因此圆盘刀片尾端存在疲劳失效的风险。内侧刀片和圆盘刀片前端的应力均较小,因此内侧刀片和圆盘刀片前端的强度是足够的,主要应考虑耐磨性。

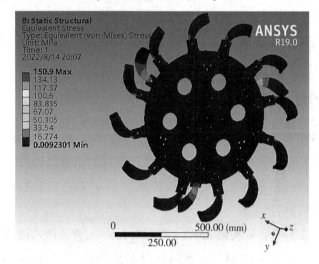

图 8-23　刀盘的等效应力云图

图 8-24 是刀盘的总形变云图。从图中可以看出,刀盘右侧刀片的总形变量大于刀盘左侧刀片的总形变量,这是因为右侧刀片正在进行土壤切削,受到的作用力较大。总形变量最大的位置为正在进行土壤切削作业的两个内侧刀片的前端,因为这两个内侧刀片受到的应力较大,等效应变经过叠加形成较大的前端形变。最大形变量为 1.37 mm。较大的形变量虽然不会影响开沟质量,但有可能加速刀片的疲劳失效。

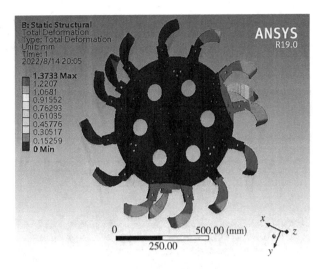

图 8-24　刀盘的总形变云图

8.3.3　模态分析

(1) 模态分析预处理

模态分析是工程振动领域一种常用的识别方法,也是研究结构动力学特性的一种常用方法。同一个机械结构有无数阶模态,每一阶模态都具有特定的振动频率和固有的振型,模态是机械结构的固有特性。本案例将静力学分析中施加的载荷和约束作为模态分析的条件,对刀盘进行预应力模态分析。该分析方法能更加准确地捕捉机械结构的模态特性。

(2) 模态分析结果

模态分析的准确性受模态阶数影响较大。根据实际需要,采用 Block Lanczos 算法提取刀盘的前四阶模态,其振动频率范围为 56.05 ~ 106.44 Hz,如表 8-6 所示。

表 8-6　前四阶模态的振动频率

阶数	频率/Hz
1	56.05
2	67.90
3	78.60
4	106.44

图 8-25 是刀盘的一阶模态振型云图。从图中可以看出,刀盘的形变呈对称分布,即刀盘中间的形变量较小,刀盘两侧的形变量较大。由于等效应变的累加,形变最大的位置为刀片的前端,最大形变量为 15.41 mm。

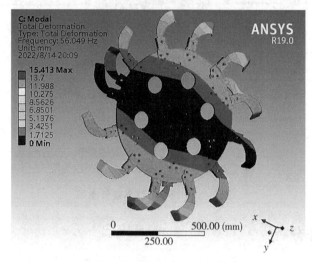

图 8-25　刀盘的一阶模态振型云图

图 8-26 是刀盘的二阶模态振型云图,从图中可以看出,形变量从刀盘的中心到边缘不断增大,形变最大的位置为圆盘刀片和内侧刀片的前端,最大形变量为 13.37 mm。所有圆盘刀片和内侧刀片的前端均出现较大的形变,说明整个刀盘的形变较大。

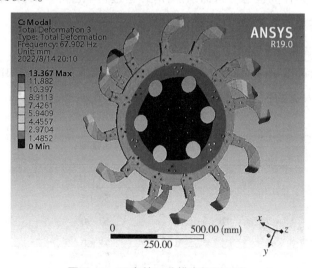

图 8-26　刀盘的二阶模态振型云图

图 8-27 是刀盘的三阶模态振型云图。从图中可以看出,刀盘的形变呈周期性变化,形变区主要分为四个,四个形变区以刀盘中心为轴呈圆周对称分布。最大形变出现在每个形变区中间位置的圆盘刀片上,最大形变量为 20.81 mm。

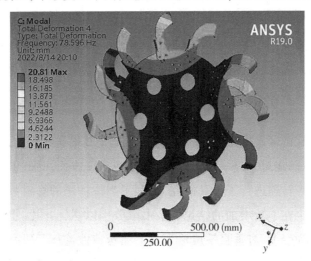

图 8-27　刀盘的三阶模态振型云图

图 8-28 是刀盘的四阶模态振型云图。从图中可以看出,圆盘的形变较小,形变主要集中在圆盘刀片和内侧刀片上,且所有圆盘刀片和内侧刀片的前端均出现较大的形变,最大形变量为 31.63 mm。

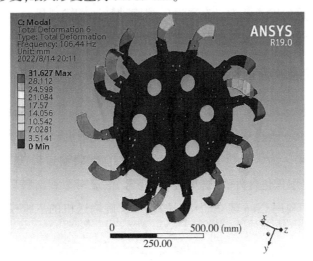

图 8-28　刀盘的四阶模态振型云图

8.4   垂直螺旋输送机对餐厨废弃颗粒输送能力的仿真

随着我国对环境的保护力度不断加大,垃圾处理的标准也在不断提高。餐厨废弃物是一类常见的生活垃圾,具有含水量高、易腐烂和易传播疾病等特点。餐厨废弃物的无害化、资源化处理已经成为环保产业研究的重点。垂直螺旋输送机具有结构简单、适应能力强和占地空间小等优点,目前已广泛应用于餐厨废弃物处理的中间环节——物料的输送。

虽然垂直螺旋输送机已得到广泛的应用,但是其输送物料的运动过程十分复杂,部分学者还在对它进一步研究,特别是在速度方面。张氢等人对垂直螺旋输送机的临界转速进行了仿真研究,得到了当待输送的物料数量增加时,仿真临界转速值也在不断增加的结论。余书豪分别以螺旋叶片、螺距、供料方式和螺旋轴直径为变量,对垂直螺旋输送机的输送特性进行了研究,并对相关数量关系进行了量化。周佳妮采用离散元法建立了垂直螺旋输送机的仿真模型,并以进料的初始速度和填充率等为变量对垂直螺旋输送机的输送性能进行了研究,发现当螺旋转速一定时,填充率变化对输送效率的影响不大。

经粉碎、压缩、脱水处理的餐厨废弃物颗粒具有一定黏性,该特性可能影响垂直螺旋输送机的输送能力。本案例以螺旋轴转速和输送机直径为变量,对垂直螺旋输送机输送餐厨废弃颗粒的性能进行仿真研究。

8.4.1   垂直螺旋输送机模型

垂直螺旋输送机主要由机架、动力机构、传动机构、外壳、螺旋杆、进料部分和出料部分组成。垂直螺旋输送机在工作的时候,利用在外壳中旋转的螺旋杆将物料提升起来。为了分析方便,本案例将垂直螺旋输送机的结构进行了简化,简化后的模型只包含外壳、螺旋杆、进料弯管、进料斗和出料口五个部分,如图 8-29 所示。利用 Creo 建立简化后的垂直螺旋输送机的三维模型,并转化成 STP 文件。

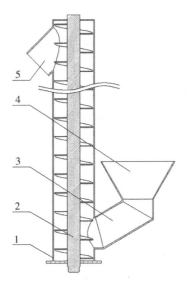

1-外壳,2-螺旋杆,3-进料弯管,4-进料斗,5-出料口

图 8-29　垂直螺旋输送机的简化模型

本案例所研究的垂直螺旋输送机的主要结构参数如表 8-7 所示。

表 8-8　垂直螺旋输送机的主要结构参数(mm)

参数	提升高度	外壳内径	叶片外径	螺距	叶片厚度	螺旋支撑轴直径
数值	800	94	90	50	3	30

8.4.2　离散元分析

(1)离散元分析原理

离散元分析算法首先需要将研究对象简化成有限个可以离散的颗粒,然后利用力与位移关系的接触模型计算离散颗粒之间的接触力,并基于牛顿第二定律计算离散颗粒的位移、速度以及加速度。在 EDEM 中,常用的接触模型一般有两种:一种是 Hertz-Mindlin(no slip)模型,主要应用于可以简化成弹簧-阻尼系统的分析模型;另一种是 Hertz-Mindlin with JKR 模型,一般用于干燥粉末或湿颗粒的离散元分析。

（2）分析模型材料

本案例的分析模型主要包括两种材料，即餐厨废弃物颗粒的材料和设备的材料。材料主要参数如表 8-8 所示，材料之间的接触参数如表 8-9 所示，颗粒与颗粒之间的接触模型选择 Hertz-Mindlin with JKR 模型。

表 8-8　材料主要参数

材料名称	泊松比	剪切模量/Pa	密度/(kg·m⁻³)
颗粒材料	0.40	1.0×10^5	1 500
设备材料	0.29	7.9×10^{10}	7 861

表 8-9　材料之间的接触参数

碰撞形式	恢复系数	静摩擦系数	滚动摩擦系数
颗粒–颗粒	0.2	0.4	0.1
颗粒–边界	0.3	0.4	0.1

（3）模型的其他参数

①将垂直螺旋输送机简化模型的 STP 文件导入到 EDEM 中，在螺旋轴上添加 100 r/min 的转速。

②创建由两个球组成的颗粒来模拟粉碎压缩脱水后的餐厨废弃物颗粒。两个球的直径均为 3 mm，两个球心之间的距离为 1 mm，颗粒大小呈正态分布，分布的标准差为 0.05。在进料口的位置添加颗粒工厂，颗粒工厂的出料速度设置为 0.1 kg/s。

③设置模型的重力加速度方向为沿坐标系 y 轴负方向，重力加速度大小为 9.81 m/s²。

④设置模型的求解步长为 2.1×10^{-4} s，求解时间为 30 s，求解单元大小为 7.65 mm。

按照上述设计，进行求解计算。

8.4.3　仿真结果分析

（1）螺旋轴直径为 90 mm 的仿真结果

分别求解计算螺旋轴转速为 100 r/min、150 r/min 和 200 r/min 时垂直螺旋输送机的输送过程，如图 8-30 所示。

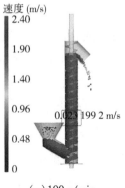

（a）100 r/min

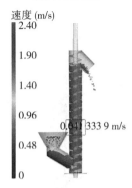

（b）150 r/min

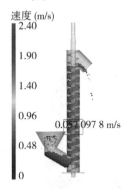

（c）200 r/min

图 8-30　不同转速下螺旋轴直径为 90 mm 的输送机仿真结果

从图 8-30 中可以看出,对于螺旋轴直径为 90 mm 的垂直螺旋输送机,当转速为 100 r/min 时,输送机内的颗粒速度在竖直方向上的分量为 0.023 m/s,填充率达到 83.2%;当转速为 150 r/min 时,输送机内的颗粒速度在竖直方向上的分量为 0.041 m/s,填充率为 69.4%;当转速为 200 r/min 时,输送机内的颗粒速度在竖直方向上的分量为 0.057 m/s,填充率达到 54.6%。在输送机结构和进料速度不变的情况下,对于带有黏性的餐厨废弃物颗粒,螺旋轴的转速越高,输送机内的颗粒速度在竖直方向上的分量越大,填充率越小。总体来看,随着转速的不断增加,颗粒在水平方向上的运动速度也在变大。

(2)螺旋轴直径为 110 mm 的仿真结果

在 Creo 中将外壳的内径尺寸改为 114 mm,螺旋轴叶片的外径尺寸改为 110 mm,模型转化为 STP 文件并导入 EDEM 中。替换几何模型后,分别求解计算螺旋轴转速为 100 r/min、150 r/min 和 200 r/min 时垂直螺旋输送机的输送过程,如图 8-31 所示。

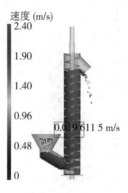

(a)100 r/min

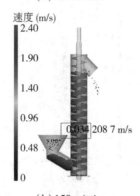

(b)150 r/min

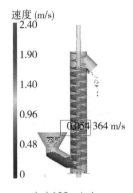

（c）100 r/min

图 8-31　不同转速下螺旋轴直径为 110 mm 的输送机仿真结果

从图 8-31 中可以看出，对于螺旋轴直径为 110 mm 的垂直螺旋输送机，当转速为 100 r/min 时，输送机内的颗粒速度在竖直方向上的分量为 0.020 m/s，填充率达到 85.1%；当转速为 150 r/min 时，输送机内的颗粒速度在竖直方向上的分量为 0.034 m/s，填充率为 73.1%；当转速为 200 r/min 时，输送机内的颗粒速度在竖直方向上的分量为 0.054 m/s，填充率达到 55.9%。其他因素保持不变，当螺旋轴直径增大时，对于带有黏性的餐厨废弃物颗粒，螺旋轴的转速越高，输送机内的颗粒速度在竖直方向上的分量越大，填充率越小。其变化规律与螺旋轴直径为 90 mm 的输送机的变化规律相同。

（3）不同螺旋轴直径对垂直螺旋输送机的影响

对比图 8-30 和图 8-31 中相同转速下不同螺旋轴直径输送机的输送情况可知，在相同螺旋轴转速下，螺旋轴直径为 90 mm 输送机内的颗粒速度在竖直方向上的分量大于螺旋轴直径为 110 mm 输送机内的颗粒速度在竖直方向上的分量，螺旋轴直径为 110 mm 输送机的填充率大于螺旋轴直径为 90 mm 输送机的填充率。对于颗粒在水平面上的运动，螺旋轴直径为 110 mm 输送机内的颗粒在水平方向上的运动速度大于螺旋轴直径为 90 mm 输送机内的颗粒在水平方向上的运动速度。

参考文献

[1]王贵君,隋红军,刘建明. 有限元法基础[M]. 北京:中国水利水电出版社,2011.

[2]蒋孝煜. 有限元法基础[M]. 北京:清华大学出版社,1984.

[3]赵奎,袁海平. 有限元简明教程[M]. 北京:冶金工业出版社,2009.

[4]朱加铭,欧贵宝,何蕴增. 有限元与边界元法[M]. 哈尔滨:哈尔滨工程大学出版社,2002.

[5]申光宪,肖宏,陈一鸣. 边界元法[M]. 北京:机械工业出版社,1998.

[6]王国强,郝万军,王继新. 离散单元法及其在 EDEM 上的实践[M]. 西安:西北工业大学出版社,2010.

[7]雷晓燕. 有限元法[M]. 北京:中国铁道出版社,2000.

[8]王元汉,李丽娟,李银平. 有限元法基础与程序设计[M]. 广州:华南理工大学出版社,2001.

[9]李录贤,文毅,关正西. 简明有限元教程[M]. 西安:西安交通大学出版社,2017.

[10]冷纪桐,赵军,张娅. 有限元技术基础[M]. 北京:化学工业出版社,2007.

[11]李人宪. 有限元法基础[M]. 北京:国防工业出版社,2002.

[12]姚振汉,王海涛. 边界元法[M]. 北京:高等教育出版社,2010.

[13]祝家麟,袁政强. 边界元分析[M]. 北京:科学出版社,2009.

[14]秦荣. 样条边界元法[M]. 南宁:广西科学技术出版社,1988.

[15]杨德全,赵忠生. 边界元理论及应用[M]. 北京:北京理工大学出版社,2002.

[16]吴泽玉. 边界元法及 Matlab 实现[M]. 北京:中国水利水电出版

社, 2017.

[17] 许京荆. ANSYS Workbench 工程实例详解[M]. 北京：人民邮电出版社, 2015.

[18] 刘笑天. ANSYS Workbench 结构工程高级应用[M]. 北京：中国水利水电出版社, 2015.

[19] 李兵, 何正嘉, 陈雪峰. ANSYS Workbench 设计、仿真与优化[M]. 2 版. 北京：清华大学出版社, 2011.

[20] 唐长刚. LS-DYNA 有限元分析及仿真[M]. 北京：电子工业出版社, 2014.

[21] 熊令芳, 胡凡金. ANSYS LS-DYNA 非线性动力分析方法与工程应用[M]. 北京：中国铁道出版社, 2016.

[22] 张红松, 胡仁喜, 康士廷. ANSYS 14.5/LS-DYNA 非线性有限元分析实例指导教程[M]. 北京：机械工业出版社, 2013.

[23] 程学磊, 崔春义, 孙世娟. COMSOL Multiphysics 在岩土工程中的应用[M]. 北京：中国建筑工业出版社, 2014.

[24] 马慧, 王刚. COMSOL Multiphysics 基本操作指南和常见问题解答[M]. 北京：人民交通出版社, 2009.

[25] ZIMMERMAN W B J, 中仿科技公司. COMSOL Multiphysics 有限元法多物理场建模与分析[M]. 北京：人民交通出版社, 2007.

[26] 王刚, 安琳. COMSOL Multiphysics 工程实践与理论仿真——多物理场数值分析技术[M]. 北京：电子工业出版社, 2012.

[27] BELYTSCHKO T, BLACK T. Elastic crack growth in finite elements with minimal remeshing[J]. International Journal for Numerical Methods in Engineering, 1999, 45：601-620.

[28] 黄玉祥, 杭程光, 李伟, 等. 深松作业效果试验及评价方法研究[J]. 西北农林科技大学学报(自然科学版), 2015, 43(11)：228-234.

[29] 刘晓红, 邱立春. 振动深松铲土壤切削有限元模拟分析——基于 ANSYS/LS_DYNA[J]. 农机化研究, 2017, 39(1)：19-24.

[30] 顿国强, 陈海涛, 李兴东, 等. 基于 EDEM 的轻型凿式深松铲土壤耕作载荷仿真分析[J]. 农机化研究, 2018, 40(3)：8-12.

[31]李博. 基于离散元法的深松铲减阻及耕作效果研究[D]. 西安：西北农林科技大学，2016.

[32]JANDA A, JIN Y O. DEM modeling of cone penetration and unconfined compression in cohesive solids[J]. Powder Technology, 2016, 293：60-68.

[33]马跃进，王安，赵建国，等. 基于离散元法的凸圆刃式深松铲减阻效果仿真分析与试验[J].农业工程学报，2019，35(3)：16-23.

[34]王学振. 土壤-带翼深松铲互作关系及其效应研究[D]. 西安：西北农林科技大学，2021.

[35]杭程光. 基于离散元方法的深松土壤扰动行为研究[D]. 西安：西北农林科技大学，2017.

[36]张闯闯，马臻，王俊发，等. 基于离散元法的犁铲磨损特性研究[J]. 现代农业装备，2021，42(1)：25-29.

[37]李玲玲，李广宇，张煜晗，等. 弧形深松铲工作过程和松土效果的离散元法仿真分析[J]. 江苏农业科学，2018，46(13)：201-204.

[38]张氢，夏华，孙远韬，等. 垂直螺旋输送机临界转速的仿真研究[J]. 中国粉体技术，2017，23(5)：1-6.

[39]余书豪. 垂直螺旋输送机输送特性及螺旋体的优化研究[D]. 绵阳：西南科技大学，2017.

[40]周佳妮. 基于离散单元法的垂直螺旋输送机数值模拟及实验研究[D]. 杭州：浙江工业大学，2018.